公|共|基|础|课|系|列

环境生态文明教育

HUANJING SHENGTAI

WENMING JIAOYU

主 编◎林 媛 杜立群

副主编◎杨 柳 周 桓 李 君

参 编◎张 莹

策 划◎田金鹭

北京师范大学出版集团
BEIJING NORMAL UNIVERSITY PUBLISHING GROUP
北京师范大学出版社

图书在版编目（CIP）数据

环境生态文明教育 / 林媛，杜立群主编. —— 北京 :北京师范大学出版社，2022.8
ISBN 978-7-303-26265-6

Ⅰ．①环… Ⅱ．①林… ②杜… Ⅲ．①生态环境－环境教育－高等学校－教材 Ⅳ．①X171.1

中国版本图书馆 CIP 数据核字(2020)第 158218 号

营 销 中 心 电 话　　010-58802181　58805532
出版发行：北京师范大学出版社 www.bnupg.com
　　　　　北京市西城区新街口外大街 12-3 号
　　　　　邮政编码：100088
印　　刷：北京虎彩文化传播有限公司
经　　销：全国新华书店
开　　本：787 mm×1092 mm　1/16
印　　张：8.25
字　　数：210 千字
版 印 次：2022 年 8 月第 1 版第 2 次印刷
定　　价：38.00 元

策划编辑：周光明　　　　　　责任编辑：周光明
美术编辑：焦　丽　　　　　　装帧设计：焦　丽
责任校对：陈　民　　　　　　责任印制：赵　龙

前　言

　　当今人类面临的一个极其重大的课题是从新的角度探究与审视人类文明的走向。在 20 世纪，现代社会的发展迅猛异常。汤因比通过对人类 21 种文明兴衰的探讨，描绘出人类文明波澜壮阔的历史变化。托夫勒通过人类历史的"三次飞跃"（农业革命、工业革命、信息革命），描绘了人类文明的纵向演变趋势。汤因比与托夫勒的研究都曾力求对人类文明进行整体把握，产生了重大影响。汤因比说过："现在，人类已经有力量终结人类历史甚至全部生命，走到悬崖边的人类必须迅速觉醒、调整方向，才不至于跌落万丈深渊。人类需要根本改变自己的目标、思想和行为，这是人类继续存在下去的不可或缺的条件。"今天，地球的现状需要我们以更加理性的态度、从更加广阔的视野思考人类文明的新方向。

　　20 世纪末以来，伴随着社会快速发展，人类越来越清晰地认识到，工业文明对自然界的改造和利用，恰恰变成了对人类生存环境的毁灭，我们需要调整思维方式，追求人类与环境和谐的新思维、新的生态意识。恩格斯指出："我们必须记住，我们统治自然界，绝不能像征服者统治异民族一样，绝不能像站在自然界以外的人一样——相反地，我们连同我们的肉、血和头脑都是属于自然界，存在于自然界的。我们对于自然界的整个统治，是在于我们比其他一切动物强，能够认识和正确运用自然规律。"当代人类的创新与进步，必须注重与生态环境的和谐共生。因此，构建生态文明、实现人类的可持续发展与生态系统的良性循环成为人类的必然选择。

　　2007 年党的十七大首次提出建设生态文明，2012 年党的十八大把生态文明建设提升到"五位一体"总体布局的战略高度，第一次单列一个部分加以论述，有关内容和要求写入新修订的党章。提出大力推进生态文明建设，建设美丽中国，实现中华民族永续发展。这是十八大报告的一个突出亮点，反映了国家发展的趋势，符合人民生活的迫切需要，受到党内外、国内外的广泛关注。

　　人类历史进程表明，一种文明发展积累的基本矛盾不能在同一文明模式内解决，而必须超越旧的文明模式。建设生态文明，萌生于工业文明的母体，又不同于传统意义上的污染控制和生态恢复，是对工业文明弊端的扬弃和超越。从古代社会屈从崇拜和顺从自然，到近代工业文明以来大规模征服自然以至破坏自然，发展到建设生态文明强调人与自然和谐相处，这是人类生存的大智慧，是人类文明进步的新标志。

　　在积极推进生态文明建设的背景下，高校正在适应时代发展的新要求，加强绿色

大学建设。绿色大学建设的关键，是要积极开展生态文明教育教学改革。高校的生态文明教育，是指在科学发展观和习近平新时代中国特色社会主义思想的指导下，为培养具有明确的生态文明观念和意识、丰富的生态文明知识、正确对待生态文明的态度、高度的生态文明建设热情和实用的生态文明建设实践技能的新型人才而实施的教育。以切实有效推动我国生态文明建设为目标，编写生态文明建设概论教材并开设课程，使当代大学生能够理解并掌握生态文明建设理论与实践探索的系统知识，认清经济发展与资源节约、环境保护的关系，统筹考虑国内和国际两个大局、当前利益和长远战略，全面提高大学生的生态文明素质，使他们有智慧、有能力参与发展低碳经济、促进节能减排的实践活动，积极参与国际竞争。这既符合落实科学发展观、实现可持续发展目标的内在要求，也符合目前我国高校切实推动生态文明建设的教学改革必然趋势，使我们走在高校课程改革建设的前沿，承担起了当代知识分子应尽的一份责任。

本书配有资源，使用说明如下：

1. 扫描封面的二维码注册登录。已注册过京师 E 课的用户直接登录，未注册的用户需要注册后登录。

2. 登录成功后，弹出激活弹框，输入激活码进行激活（激活码：Dha6JU7L）。

3. 激活后，登录进去即可使用。

4. 每本书只需要激活一次，在登录不过期时，再次扫描不需要重新登录。

本书在出版过程中得到了天津高雷图书公司的田金鹭老师、北京师范大学出版社相关编辑老师的大力支持，在此表示衷心感谢。受时间、精力和能力所限，本书难免会存在一些不足，请使用者提出宝贵意见和建议，以便修改。

目 录

第一章　人与自然的关系

人与自然的关系问题，是生态伦理的一个基本理论问题。对这个问题的不同回答，将导致不同的生态伦理理论体系。

一些学者从生物学意义上思考人的本性和本质，从本体论意义上把握人与自然的统一，以自然为核心，突出的是人对自然的从属关系，即把人对自然的实践关系等同于生物有机体与生态环境的关系，把人类社会历史看成自然生命史的一个组成部分，因而建立起自然中心主义生态伦理学理论体系。

另一些学者从社会学意义上思考人的本性和本质，从实践论意义上把握人与自然的区别，以人为核心，突出的是人对自然的实践关系，即把人对自然的实践关系看成主体与客体的统一，把人类历史和自然生命史看成相互生成的历史，因而建立起现代人类中心主义生态伦理学理论体系。

▶ 第一节　"人"与"自然"的含义

一、"人"的含义

"人"既是自然存在物，又是社会存在物，因此人性具有两重性：自然性和社会性。

所谓自然性，是指人通过生物遗传方式所获得的有生命的肉体组织，是人在生物学、生理学方面的本能和属性。人是从动物、类人猿进化而来的，从生物学的意义上看，人属于脊椎动物门、哺乳纲、灵长目、人科、人属、智人种。

人作为自然存在物，与其他生物具有共同的自然属性，其生存和发展必须依赖于自然界，必须与自然进行物质、能量和信息的交换，其生命过程也必须服从于自然规律。

人在脱离动物界结成社会之后，仍然保持着与其他高等动物类似的某些生物和生理本能。例如，人作为一个有生命的存在物，需要有符合其肉体需要的自然生存环境；人具有"饮食男女"（肚子饿了要吃东西，发育成熟了有性的冲动）与自我保护（生命受到威胁时要奋起反抗）的需要；如此等等。

所谓社会性，是指人作为人类社会的成员所具有的各种属性。人在劳动的基础上，从类人猿变成了人，并把自己同动物区别开来，产生和形成了人之所以为人的两个基本特征。

第一，能动性。人在劳动中改造自然，同时改造自己的本性，产生了语言，并促进人类思维活动的物质基础——脑髓的发达，从而逐步形成了一种能够思维并用思维指导行动的"自觉的能动性"。正如毛泽东所说的，这种能动性是"人之所以区别于物的特

点"①。

第二，社会性。人不是以孤立的个体，而是以社会整体与自然发生关系的。这个社会整体就是由个人活动构成的社会关系系统。也就是说，人们在劳动中，必须结成一定的社会关系(主要是生产关系)以及由此产生的其他各种思想关系，才能从事物质资料的生产活动。任何个人一旦脱离这种社会关系，就不能生存。人的社会性也是人区别于动物的一大特点。

在人性的构成中，人的自然性和社会性是互相耦合、辩证统一的。二者不能单独存在，因为离开自然性的社会性是无根的幽灵，离开社会性的自然性是动物的兽性。但是，二者也不是并列的。其中，人的自然性是基础，人的社会性是灵魂；人的社会性处于起主导作用的方面，人的自然性则处于被支配的方面。人的本质，主要是由其社会性所决定的。

对于人的社会性的理解，马克思指出："人的本质并不是单个人所固有的抽象物。在其现实性上，它是一切社会关系的总和。"②这里所说的"一切社会关系的总和"，就是指人们在社会生产过程中所形成的生产关系以及由此产生的各方面关系的总和。正是这种社会关系的总和，集中体现了现实社会中人的本质。

对于人的自然性理解，马克思指出："人不仅是自然存在物，而且是属人的自然存在物，也就是说，是为自身而存在的存在物，因而是类存在物。"这里所说的"属人的自然存在物"，是指人的自然性已经是受社会改造过的，打上社会烙印的自然性。

虽然人的自然性的最深根源在于他的动物性的躯体结构，但是，人的自然性不同于其他动物的自然性。恩格斯说，人是"一切动物中最社会化的动物"③。任何个体的人，从他一开始降生到社会之中，他的自然性的内容满足方式和满足程度就受到社会关系的决定和制约。也就是说，人的自然性已经不是动物的自然性，而是由于社会的影响而"人化"(即文明化)了的自然性。

例如饮食问题，从食品的来源来看，一般动物吃的是周围环境中现成的自然物，而人吃的不仅是周围环境的自然物，而且主要是吃社会生产出来的食物；从食品的内容来看，一般动物茹毛饮血，而人吃的食物要经过加工，讲究色香味美；从食品的分配来看，一般动物是弱肉强食，而人总是有一定的分配方式。

由此可见，由于人生活在社会之中，所以人的自然性同社会性紧密地联系在一起并深刻地打上了社会的烙印。人的自然性就其基础来说是动物性的，然而又同动物有着本质的区别。这种区别就在于人的自然本能已经"社会化"，甚至在某种意义上受到社会的改造。

当然，"人来源于动物界这一事实已经决定人永远不能完全摆脱兽性，所以问题永

---

① 《毛泽东选集》第2卷，人民出版社1953年版，第477页。

② 《马克思恩格斯选集》第1卷，人民出版社1995年版，第18页。

③ 《马克思恩格斯全集》第42卷，人民出版社1979年版，第169页。

远只能在于摆脱得多些或少些，在于兽性或人性的程度上差异。"①

总之，人的自然性和社会性是相互依存的。一方面，人只有在社会中才称其为人；另一方面，无肉身的人是不可能构成社会实体的。人的社会性以自然性为基础，但是已经扬弃了自然性。然而，无论是从人的自然性还是社会性来看，人性和人的本质都是一个社会范畴。

人的社会性是人和其他动物的本质区别。当然，在不同社会形态里，由于社会关系不同，人性和人的本质也不同。在阶级社会里，由于人们隶属于不同的阶级，所以人性带有强烈的阶级性。因此，马克思指出，人性和人的本质是"在每个时代历史地发生了变化的"②。

二、"自然"的含义

"自然"有广义和狭义之分。广义的自然是指具有无限多样性的一切存在物，包括自然界和人类社会；狭义的自然是指自然界，即与人类社会相区别的物质世界，包括非生命系统和生命系统两大类。我们这里所说的"自然"是指狭义的自然。

马克思把"自然"区分为"第一自然"和"第二自然"。所谓第一自然，又称原始自然、自在自然，是指人类尚未认识到的那部分自然，包括：

（1）人类目前尚未观测到的总星系之外的那些广袤无垠的宏观世界以及基本粒子以下的未知的微观世界；

（2）构成人类生存环境的宏观世界中尚未被人类认识的自然事物。

所谓第二自然，又称人化自然、社会自然（马克思还称之为"人类学的自然""历史的自然"），泛指已经进入人类视野，即将或正在或已经被人类的实践活动所改造的那部分自然，包括以下几部分。

（1）人类观察所及的自然。指人类运用自身的器官或运用仪器能感知其信息，但是人类的实践活动未能对其施加影响的那部分自然；或者人类的实践活动能影响到的，但是未能加以改造的，仍然保持其原始性的那部分自然。

（2）人类实践所及的自然。它可以分为两大类：一类是人工保护的自然，即人类用人工控制的手段加以保护，但仍然保持其天然状态的自然界，如国家设置的自然保护区；另一类是人工培育的自然，即人类通过劳动使其发生某种形态或数量上的变化，但并没有使其发生内在本性变化的自然物，如人工栽培的果树和家养的牲畜等。

（3）人工自然。它是人类自己设计创造出来的物品，同样可以分为两大类：一类是满足人们生活需要的人造物，如面包、服装、房屋、汽车和电视机等；另一类是生产人造物的人造物，如各种生产工具、机器和机器系统等。人工自然虽然是由天然物料加工制造而成的，但具有天然物所没有的结构和功能。

（4）人体自然。人体及其机能无疑也是自然物质，而且是一种特殊的高度复杂的自

---

① 《马克思恩格斯全集》第23卷，人民出版社1972年版，第669页。
② 《马克思恩格斯全集》第20卷，人民出版社1972年版，第110页。

然物质。随着人类对外部自然界认识和改造活动的深入和扩大，人类也逐渐认识和改造着自己的人体自然。但是，迄今为止，人类对自身的人体自然的认识还相当有限。

第一自然与第二自然具有不同的基本规定性。第一自然的基本规定性是它们的自然属性，即它们的基本规定性是由自然赋予的，与人无关；第二自然则不同。另外，在第一自然里起作用的规定性，在第二自然里仍然起作用。

例如，第一自然里有机械运动规律、物理运动规律、化学运动规律和生命运动规律等，在第二自然里也有相应的机械人工过程、物理人工过程、化学人工过程和生物人工过程等。其中，物理运动规律在物理人工过程中起着作用，化学运动规律在化学人工过程中起着作用，生命运动规律在生物人工过程中起着作用。

第二自然还有着自己的特殊规定性，即利用人的意识和实践，把第一自然的规定性加以创造性的排列和组合所形成的规定性。这主要体现在以下两方面。

(1)就人类观察所及的自然来说，它们虽然没有经过人类实践活动的改造，仍然保持着它们的自然属性，但是它们毕竟已经进入了人类的观测视野，成为人类感知和认识的对象。即人类已经通过自身的力量，以科学和艺术的方式对它们施加了某些作用和影响，它们的基本属性中已经渗透着某些社会属性；或者说，它们的基本规定性是自然属性，而它们的次级规定性是社会属性。

(2)至于人工自然，因为它们已经进入人类的劳动生产过程，已作为人类的劳动对象和劳动资料，被人类改造成满足人类物质和精神生活所需要的产品，凝结着人类的创造性和能动性，所以它们的本质规定性是由人类的劳动生产过程所赋予的。即它们的基本规定性乃是它们的社会属性，而它们的自然属性已经退到次级规定性的层次。

当然，第一自然与第二自然的界限是相对的。一方面，第一自然与第二自然的区分是以人类的实践活动为分野的，离开人类的实践活动，这种区分没有意义；另一方面，随着人类实践活动不断向深处和广处拓展，人类的实践活动介入了第一自然的一个又一个新领域，第一自然不断地转化为第二自然，第二自然的疆域在不断扩大。

马克思在19世纪说过："先于人类历史而存在的那个自然界……除去在澳洲新出现的一些珊瑚岛以外今天在任何地方都不再存在。"[①]在地球的自然环境中，原始的自然可以说已经所剩无几；而在宏观世界和微观世界中，尚有无穷的"处女地"等待人类去认识和开发。

由此可见，我们所说的"自然"，主要不是指第一自然，而是指不断在广度和深度拓展着的第二自然。从总体上、本质上看，第二自然的形成和发展依赖于人类的实践，体现了人类的价值追求，既是"人的本质的对象化"，又是"人的本质的确证"，是属人的世界。

至于第一自然，正如马克思所说："离开人而被抽象地孤立地理解的，被固定与人分离的自然界对人来说也是无。"[②]当然，这里所说的"无"并非否认第一自然的客观存

---

① 《马克思恩格斯选集》第1卷，人民出版社1995年版，第77页。

② 马克思：《1844年经济学—哲学手稿》，人民出版社1979年版，第131页。

在，而是指它离开人而独立存在，其在被人认识以前对人是没有意义的。

▶ 第二节　人与自然的关系

一、如何理解人与自然的关系

一般说来，"人与自然的关系"具有两种不同的含义：一是作为"自然存在物"的人与自然的关系；二是作为"社会存在物"的人与自然的关系。

作为"自然存在物"的人与自然的关系，也就是人自己身体的自然与外部自然界的关系。在这种关系中，人无法摆脱自己的肉体之躯，无法摆脱对自然的内外依存关系，需要同其他非人动物与自然界的关系一样，与自然进行物质、能量和信息的交换。因此，这是自然界内部的结构性关系，是一种生物学的自然关系，是自然科学——生物学、生理学和生态学等研究的对象。

作为"社会存在物"的人与自然的关系则不同。它并非是一种单纯的"自然关系"，而是"作为人的人"同自然界发生的"为我的"关系，是一种属人的关系。所谓"作为人的人"，是指社会的人，有意识的人；所谓"为我的"关系，是指以人为主体，以自然为客体的实践关系。

在这种关系中，作为主体的人有意识有目的地改造自然，使自然物发生有利于人生存和发展的变化，变成适应人需要的"第二自然"。它不是狭义自然界内部的结构性关系，而是人与自然相互作用的关系。这种关系不是天然存在的，而是有一个历史渐进的过程。因此，这是一种社会学意义上的人与自然的关系，是社会科学——经济学、政治学和伦理学等研究的对象。

应当指出的是，自然界许多动物也以群居的形式生活和活动，组成所谓的"动物社会"。但是，动物的社会性是动物在适应自然环境的过程中，通过自然选择和生物遗传所形成的一种本能的群体生活习性和行为习性，是一种生物学意义上的自然规定性。我们虽然称其为"动物社会"，但是它实际上仍然是一种服从于自然生物学规律的自然现象和自然关系。

因此，人的社会性存在同动物的社会性存在、人类社会同"动物社会"有着本质的区别，不能混为一谈。

既然人与自然的关系具有上述两层不同的含义，那么我们应当如何使用这对范畴呢？这就要看我们在什么领域里研究什么问题了。一般说来，当我们在研究生物学、生理学和生态学等自然科学领域里的问题时，应当应用生物学意义上的"人与自然的关系"；而当我们在研究经济学、政治学和伦理学等社会科学领域里的问题时，就应当应用社会学意义上的"人与自然的关系"。

二、从本体论的角度看，人是自然的产物

从本体论的角度看，人是自然长期进化的产物，其进化的基本线索是：具有物理

性质的基本粒子——具有化学性质的原子、分子——具有生命的微生物、植物、动物——人。

现代科学研究表明：在地球形成之初，地球表面只有原始的无机环境。大约经过10亿年的演化，地球上出现了有机分子，然后生成高分子物质组成的多分子体系，出现了生命的结构基础——细胞，从而逐渐在地球上产生了生命。经过无性繁殖到有性繁殖，植物和动物的分化，以及生命由海洋发展到陆地，生物物种逐渐丰富起来，最后出现了人。

现代科学研究还表明：人体（生命体）内部的物质构成与地球及整个宇宙物质的演化过程和构成具有同一性，人体内部的生理结构与高等动物的生理结构具有同一性。人体血液中60多种化学元素的含量与地壳中所含元素的丰度有明显的相关性。

由此可见，人是自然进化的产物。所以，马克思明确指出："人直接地是自然存在物"，"我们连同肉、血和脑都是属于自然界并存在于其中的。"①

而且，人作为社会存在物，连同社会一起，都是自然长期进化的产物。马克思说："历史本身是自然史的一个现实部分，是自然界生成为人这一过程的一个现实的部分。"②一部人类社会发展史，也就是一部特殊的自然发展史。

同时，人所特有的意识和思维，归根结底也是自然的产物，正如马克思所说，意识"不外是移入人的头脑并在人的头脑中改造过的物质的东西而已。"③因为人的大脑是自然进化的产物，所以人的心理的反映形式——感受、知觉、记忆和表象，乃至人的思维能力，都是人的机体构造、行为方式的演变和机能水平提高的产物。

当然，人的产生并不单纯是生物进化的结果。劳动在猿变为人的过程中起了决定性的作用。正是在劳动中，才开始有了真正意义上的人与自然界之间的物质、能量和信息的交换，才开始形成一定的社会关系，因而才有人和人类社会的存在和发展。所以，马克思说："历史是人的真正的自然史。"④

人作为自然的产物，与自然的关系经历了"同一——分化—作用—关系"的过程。

所谓"同一"，是指人类与自然的历史渊源。人类从动物进化而来。动物与自然的关系是自然界的内部关系，即不分化的同一关系。动物是自然界的组成部分，永远不会超越自然。它与自然之间是一种和谐关系，即生态平衡关系。

所谓"分化"，是指劳动使人类背叛动物祖先，与自然发生分离、分裂、独立、对立。人类超越自然界，摆脱动物的消极作用，直立行走，大脑发展超过最高等动物，产生自我意识，打破动物生存特有的与自然界的和谐关系，建立了人类家园。

所谓"作用"，是指人类与自然的相互作用、相互生成。当人类通过劳动"作用于他身外的自然并改变自然时，也就改变了他自身的自然，他使自身的自然中沉睡着的潜

---

① 《马克思恩格斯全集》第20卷，人民出版社1972年版，第519页。

② 马克思：《1844年经济学—哲学手稿》，人民出版社1979年版，第82页。

③ 《马克思恩格斯选集》第2卷，人民出版社2004年版，第217页。

④ 《马克思恩格斯全集》第20卷，人民出版社1972年版，第519页。

力发挥出来，并使这种力的活动受他自己控制"①。

最后，人与自然建立了一种新型的"关系"。人与自然的这种关系有两个发展阶段：外部时期和内部时期。外部时期又分为两个阶段，即自然处于主导地位的阶段和人类处于主导地位的阶段。当人与自然的关系由外部关系转变为内部关系时，将意味着人类与自然走向了有机组合，形成了更大的统一整体。这是人与自然关系的未来发展方向。

三、从实践论的角度看，人与自然是对象性关系

（一）人与自然的关系是对象性关系

人与自然的关系，按马克思的说法，是一种"对象性关系"，即人与自然是一种在社会实践中相互生成着的历史性存在，互为对象关系，彼此互相依存、互相制约。②

一方面，人是一种"对象性的存在物"，不能离开他的对象自然界而生存。人是自然界的产物，人的生存、发展及其他一切，包括肉体和意识、物质生活和精神生活等，全部都依赖于自然界。例如，人的肉体需要以自然界作为对象进行物质代谢和能量代谢；人的精神也需要自然界：著名的"感觉剥夺"实验证明，人一旦断绝与外界（首先是自然界）的信息交流，就会陷入空幻乃至错乱的精神状态之中。

另一方面，作为人的对象的自然，自从人类产生以后，它便作为人的感性对象、改造对象，以及人的活动产物而存在。它既是人的"需要对象"，又是表现和确证人的本质力量所不可缺少的对象。人通过对象化的活动来肯定自己、确证自己的本质。人与它的对象化活动是相统一的。

也就是说，人所生活的自然界，由于人的活动而改变其面貌，打上了人类的烙印，它不仅按照其自身的发展趋势演化，而且按照人的活动指向演化。

而且，从另一方面说，作为人的对象的自然存在物也是人本身："成为他的对象，而这就是说，对象成了他自身"；通过人的生产，"自然界才表现为他的作品和他的现实"，因此，"人在他所创造的世界中直观自身"，人在对象中现实地复现了自己。③

揭示人与自然之间的对象化关系具有积极的意义：本质上，不仅人是历史地变化着的，而且自然也是历史地变化着的。旧唯物主义在人与自然关系问题上的缺陷在于，他们只推崇作为自然的自然，却不懂得作为历史的自然，即处于一定历史进程和社会实践中打上了人的烙印的自然。他们把人和自然活动机械地分离开来，一边是人，一边是自然，采取人与自然二元化的原则。

马克思的思想是我们正确理解人与自然关系的钥匙。我们只有从人与自然的对象性关系方面来理解的自然界才是现实的、真正意义上的自然界；也只有从人与自然的对象性关系方面来理解的人才是现实的、真正意义上的人。

---

①《马克思恩格斯全集》第 3 卷，人民出版社 2002 年版，第 202 页。

②《马克思恩格斯全集》第 42 卷，人民出版社 1979 年版，第 169 页。

③《马克思恩格斯全集》第 42 卷，人民出版社 1979 年版，第 125 页。

（二）人与自然对象性关系也是一种主体与客体的关系

人与自然之间的对象性关系，同时也是一种主体与客体的关系。

"主体"与"客体"是用以说明人与自然的实践关系的一对哲学范畴。人在实践活动中处于主动和主导地位，具有自主性和创造性等特点，所以是主体；自然在人的实践活动中处于被动和服从的地位，具有受动性、非主导性等特点，所以是客体。

人类以前的各类物质形态没有主观世界，在相互作用中缺乏自觉的能动性，因此与自然不能形成主客体关系。虽然生物具有反映控制功能，尤其是高等动物拥有复杂的心理活动，开始萌发主观世界，但是由于其缺乏意识自觉性，仍然不能形成充分能动的主体。因此它们与自然之间也说不上主客体关系。

主体与客体之间的关系是一种对立统一关系。迄今为止，人是已知世界上自然进化的最高层次。人通过实践活动使自己从自然中提升出来，成为与自然相对立的主体，而自然则是进入人的活动范围之内的客体。主体与客体的对立，实质上是一种能动的、自觉的自然物与另一种自发的、盲目的自然物之间的对立。

这种对立，是一种主导与从属的对立关系。其中，人永远是实践者，自然永远是主体活动的对象，因而自然作为客体永远从属于人的目的。人的这种中心地位、主导地位是不可逆的。

这种对立，也是一种能动与被动的对立关系。主体不是被动地与自然对象发生关系，而是有意识、有目的地选择自己活动的自然对象。也就是说，主体永远是活动的发出者，而客体始终处于被动地位。

这种对立，也是生产者与生产对象、实践者与实践对象、创造者与被创造对象之间的对立。因为主体的要求是多方面和多层次的，而现成的自然物又不能满足人的要求，所以主体必须发挥自己的能动性和创造性，从事改造自然的活动，使自然客体经过人的实践活动，被改造成符合人的多方面和多层次需要的人化自然物或人工自然物。

主体与客体之间不仅是对立的，而且是统一的。这种统一关系，实际上是在主客体分化、对立的基础上发生的主客体之间的互相作用、互相转化和互相制约的关系。实践是实现这种统一关系的基础，其目的就在于消除主客体之间的对立状态，建立以主体为核心的和谐的主客体系统。主体与客体的统一关系主要表现在以下两点。

（1）在认识中，主体通过对客体的摹写、选择和创造，再现客体的本质和规律，并把这种本质和规律内化为自己的本质力量，充实、发展自己的体力和智力，提高自己认识和改造世界的能力，巩固自己的主体地位，从而实现了客观向主观的转化，消除了主观与客观的外在的对立状态。

（2）在实践中，人按照自己的目的，实现对客体的改造，使客体获得主体的规定，变成满足人们所需要的物质资料，这就扩大了主体的力量，同时也在一定程度上消除了主体与客体的对立状态。

这种统一的实质，是主体对客体的占有和客体对主体需要的满足。当然，主体与客体的分化和统一不是两个独立的过程，而是主体和客体在同一发展过程的两个方面，实践是这种分化和统一的基础和动力。

因此，人与自然的现实关系，一方面是主体决定客体，即人作为创造者，以自己的活动改变自然界，实现自然的人化。在这一过程中，人把自己的本质力量积淀、物化、凝聚在客体中，并且，通过这种把自己的目的、能力和力量对象化的活动，确证自己是活动的主体。这是主体向客体的运动，主体在对客体的改造过程中创造新的客体。另一方面是客体决定主体——人的自然化。人在实践活动中，占有、吸收自己的活动成果，把客体的属性、规律内化为自己的本质力量，充实和发展自己的体力和智力，提高认识自然和改造自然的能力，从而巩固自己的主体地位。这是客体向主体的运动，表现了客体（自然环境）对主体（人）的制约性。

总之，实践不仅改造客体，而且改造主体。正如马克思所说："生产不仅为主体生产对象，而且也为对象生产主体。"①正是这种辩证的互相作用推动着人与自然的关系的发展。

随着人类社会实践活动的发展和深入，自然界的人化和人的"自然化"变得更加深刻和广泛。在封建社会以前，人化自然只局限在区域性、地方性的范围内，这是由农业自然经济的实践方式决定的；现代工业的实践方式，则把人化自然的疆域拓展到辽阔的海洋、无边的宇宙以及微观世界内部等。

总之，人类越来越需要自然，自然不仅成为生活资料的来源，而且成为他们全面发展的源泉。对人来说，人化自然在他们的社会生活中，在他们的物质和精神生活中，在他们的智慧、审美和伦理中，起着越来越重要的作用。

四、从人的发展角度看，人与自然的关系实质上是人与人的关系

既然在人与自然的对象性关系中，人是主体，自然是客体，那么在总体上把握人与自然的辩证关系的前提下，着重从主体的角度即从人的形成和发展方面，去考察人与自然的关系问题，就显得尤其重要，因为主体的发展将决定人化自然和人类的发展。

对于这个问题，马克思曾经作过精辟的论述。他说："自然界的属人的本质只有对社会的人来说才是存在着的；因为只有在社会中，自然界才对人来说是人与人间联系的纽带，才对别人来说是他的存在和对他来说是别人的存在……因此，社会是人同自然界完成了的本质的统一，是自然界的真正复活，是人的实现了的自然主义和自然界的实现了的人本主义。"②

这个论述的核心思想是：从人的发展角度看，人与自然的关系实质上是人与人的关系。我们可以从以下几个方面来理解马克思的这个思想。

（一）社会把人与自然的关系纳入人与人的关系之中

马克思用男女之间的关系来生动地说明人与人的关系如何包容人与自然的关系。他说："男女之间的关系是人与人之间的直接的、自然的、必然的关系。在这种关系中，人同自然界的关系直接地包含着人与人之间的关系，而人与人之间的关系直接地

① 《马克思恩格斯选集》第2卷，人民出版社2004年版，第95页。
② 《马克思恩格斯选集》第2卷，人民出版社2004年版，第95页。

就是人同自然界的关系，就是他自己的自然的规定。"①

这是说，男女之间的关系，就性的关系来说是自然的行为，就爱情的关系来说又是社会的行为。没有爱情的性与动物的性行为没有区别，而没有性的爱情也是不真实不自然的；只有具有爱情的性行为才是人的性行为，而人的性行为又是自然的性行为。人的两性关系与动物的两性关系的根本区别，在于人的两性关系渗透着爱情等社会内容，在于人把两性的自然关系纳入了社会关系。

进而言之，人与自然的其他关系也是如此。人与自然是互相生成着的历史存在。离开社会，既不会有人的生成，也不会有人化自然的生成，也就不会有人与自然的关系；离开自然，人和社会都成为无水之源、无本之木。

因此，人改造自然的行为是人类的社会性的行为；人与自然的协调只能通过调节人与人的关系来实现；对人与自然关系状况的评价是以人的价值为尺度。所以，当我们提出人与自然的关系时，实际上把人定义为社会关系的总和，把自然定义为人的对象性存在，从而把人与自然的关系纳入了人与人的关系之中。

(二)自然界是人的本质的对象化

由于我们所说的自然是第二自然，是属人的自然，是人的作品和人的现实，是固定在对象中的、物化的劳动，所以从人类整体说来，人类面对自然，就是面对人类自己的创造物，就是面对人类自己的劳动、智慧(认识水平、工艺水平等)和价值，实际上就是面对人类自己。

正如马克思所说："人不仅像在意识那样理智地复现自己，而且能动地、现实地复现自己，从而在他所创造的世界中直观自身。""工业的历史和工业的已经产生的对象性的存在，是一本打开了的关于人的本质力量的书，是感性地摆在我们面前的人的心理学。"②马克思不是"从外表的效用方面来理解"工业，而是"从它同人的本质联系上"来理解它。

马克思还说："对人来说，直接的感性的自然界直接地就是他的感性，直接地就是对他来说感性地存在着的另一个人。"③这段话的意思是，"我"所改造过的自然物，对"别人"来说是"我"存在的象征，"别人"改造过的自然物对"我"来说是"别人"存在的象征。

因此，人的本质力量的对象化，实际上就是人的主体性结构——人类长期的劳动实践中所形成和发展着的感性结构、知性结构和理性结构的对象化。人化自然是人的本质力量的现实，是确证和实现人的个性的对象，或者说，人化自然就是对象化了的人。正如存在主义者萨特所说："人只是它自己造成的东西。"

(三)自然是联结人与人之间关系的纽带和媒介

人在改造自然的社会实践中，不仅生产出人们生存和社会生活所必需的劳动产品，而且生产出人与人之间的各种社会关系。其中最主要的是在劳动过程中结成的生产关系，例如对劳动资料的占有和使用关系，劳动的分工和协作关系，劳动产品的交换、

---

① 马克思：《1844 年经济学—哲学手稿》，人民出版社 1979 年版，第 72 页。
② 《马克思恩格斯全集》第 42 卷，人民出版社 1979 年版，第 97、127 页。
③ 马克思：《1844 年经济学—哲学手稿》，人民出版社 1979 年版，第 82 页。

分配和消费关系等。也就是说，人类的劳动不仅意味着人与自然的关系，而且意味着建立与这种关系相适应的社会结合形式。

人们如果不以一定的方式结合起来共同活动和互相交换其活动，就不能进行生产。"为了进行生产，人们便发生一定的联系和关系；只有在这些社会联系和社会关系的范围内，才会有他们对自然界的关系，才会有生产。"①

劳动产品不仅在"我"与自然之间充当纽带或媒介，而且在"我"与其他人之间充当纽带或媒介。在社会生活中，劳动的社会关系被物化到了产品中去，从而使产品具有社会性。当劳动者开始交换自己的产品时，劳动产品就成为商品，成为对象化的人类社会关系。

在商品经济条件下，人们在生产中不仅生产出各种劳动产品，而且生产出"其他人同他的产品的关系，以及他本身同这些其他人的关系"。人同自然的关系成为自然界不断变化、增加的外在价值在不同人群之间的分配关系，成为人与人之间的利益关系。因此，劳动产品（即属人的自然界）成为人与人之间关系的纽带和媒介。

（四）自然界是"人的无机的身体"

马克思曾经把人自身的自然区分为两部分：一是"有机的身体"的自然，即作为人的机体的自然；二是"无机的身体"的自然，即人的机体以外的自然。

所谓人的"无机的身体"，从价值论的角度说，是人的机体以外的自然。人认识和改造外部自然的目的，归根结底是为人自身服务的。因此，自然相对于人类而言，是"生命的直接手段"，是"人的生命活动"的"材料、对象和工具"，一句话，自然是人的"无机的身体"。②

正如马克思所说："从理论方面来说，植物、动物、石头、空气和光等，部分地作为自然科学的对象，部分地作为艺术的对象，都是人的意识的一部分，都是人的精神的无机的自然界；从实践方面来说，这些东西也是人的生活和人的活动的一部分……实际上，人的万能表现在他把整个自然界——首先就它是人的直接的生活资料而言，其次就它是人的生命活动的材料、对象和工具而言——变成人的无机的身体。"③

也就是说，自然界是人为了不致死亡而必须与之形影不离的身体。人应当把他的生存环境看成自己生命的组成部分，而不应当把它当作生存、生命的外在因素来对待。

▶ **第三节　人类在自然界中的地位和使命**

一、人在自然界中的地位

西方和我国主张自然中心主义的生态伦理学家认为，各种生物在自然生态系统中

---

① 《马克思恩格斯选集》第1卷，人民出版社1995年版，第362页。
② 马克思：《1844年经济学—哲学手稿》，人民出版社1979年版，第49页。
③ 《马克思恩格斯全集》第42卷，人民出版社1979年版，第49页。

都占有特定的位置，人只是自然生态系统中的一个普通成员，与其他生物物种是"平等"的，人不是自然界的主人，因而没有占有自然界或主宰自然界的权利。

而主张人类中心主义的生态伦理学家则认为，人不是普通的生物物种，而是唯一的一种具有特殊的文化、知识和创造能力的最高级的动物，不仅能改造自然，而且能保护自然，因而是自然的主体或主人。

实际上，人在自然界中的地位问题是人与自然关系的核心问题。我们在上一节论述人与自然的对象性关系时，已经说明了自然是人的本质的对象化，而人则是对象化的自然。但是，人与自然的对象性关系究竟应当统一于什么呢？是统一于自然（原始自然）还是统一于人（社会实践）本身？对这个问题的不同回答，会导致形成以下两种不同的生态伦理观。

（一）以自然为基础，把人还原于自然

这是自然中心主义者的生态伦理观，他们在人与自然关系问题上的缺陷在于，他们只推崇作为自然的自然，却忽视了作为历史的自然，即处于一定历史进程和文化环境中打上了人的烙印的自然。他们把人和自然活动分离开来，一边是人，一边是自然，采取人与自然二元化的原则。

他们根据人是自然存在物这个事实，以自然生态系统为基础，从人的自然性出发，把人归结为动物、生物，把人还原为自然，还原为自然物质的一部分，把人对自然的能动关系与生物有机体对周围环境的关系等同起来，把人与自然统一为自然生态系统的总和。

按这样的观点来理解人和自然，那么人是自然的，人的一切活动也是自然的，人的行为与地球生态系统中的生命体的活动没有什么差别。正如狄德罗曾经说过的："所有的东西都在彼此循环，因此一切物种也都是如此……一切动物都是或多或少的人；一切动物都是或多或少的植物；一切植物都是或多或少的动物。在自然之中，根本没有严格的分别。"

在这里，他们强调的是以自然生态系统为核心，突出的是人与自然的同一、人与自然的"平等"关系，即把人与自然的关系看成自然界内部两个自然物之间的关系，是物质、能量和信息交换的关系。最后，根据"世界统一于物质"理论，把人和社会都归结于自然，把万物多样性的统一把握为自然生态系统的总和。这样，人也就无条件地成为自然生存竞争链条上的一环。

这种统一是无本质区别的统一，它只是表明两种物质实体之间的统一，不能揭示出其主客体性质上的对立。这是古代（以阴阳五行学说和气论为依据）和现代（以生命进化论或生物学为媒介）的"天人合一"论的思想路线，也就是自然中心主义生态伦理观的思想路线。

这种思想路线试图维持人自身的自然性不变，试图让人的社会性围绕着人的自然性即生理需要和动物本能来发展，把人的意义降低到动植物等自然存在物的地位上，试图取消或减少人类改造自然的实践活动，以维持原始的自然生态平衡。这是一种机械唯物主义或庸俗唯物主义，对人类而言，实际上是一种历史的倒退。

（二）以社会实践为基础，把人提升为主体

现代人类中心主义者认为，人与自然之间的对象性关系实质上是以人为主体的社会实践活动。作为社会存在物，人的本质特征是对自然界的改造。马克思说："人创造环境，环境也创造人。"①又说："生产不仅为主体生产对象，而且也为对象生产主体。"②

实践是人们改造世界的客观物质性活动，其中体现着人类的需要、目的和愿望。现代人类中心主义者根据人是社会存在物的事实，以人的社会实践为基础，从人的社会性出发，把人从自然界中提升起来作为实践的主体，同时把自然物变为自己生活的组成部分，把人与自然的关系把握为主体与客体的统一。

这种统一是以主体为核心的统一，与自然物之间的统一具有根本不同的性质。这种统一的实质，是主体对客体的占有和主体需要的满足。自然不能主动满足人的生存和发展的需要，人必须打破原始的天然的统一，在更高基础上实现"以我为主"的统一。在统一中，主体把客体加以同化并纳入主体自身的存在体系，从而壮大和发展主体的存在体系。

也就是说，这种统一是将自然向人转化，即人化自然与自然化人的辩证统一。人化自然实际上是两个相反过程通过互相渗透实现的：自然界的人化过程（人化自然）和人的"自然化"过程（自然化人）。

自然界的人化就是人通过社会实践活动使第一自然逐步转化为第二自然，加入社会历史的范围，使自然成为人的生活的一部分；人的"自然化"则是人在社会实践活动过程中，逐步发现自然的无比丰富的属性并把这些属性转化为自己的主观能力。换一句话说，就是用各种各样的自然本质丰富和充实人的生命活动。

这是一个相辅相成的漫长的历史过程。从逻辑上说，人与自然总是事物发展的两个对立统一的方面。一方面是属人的自然界不断形成着，另一方面是全面发展的个人即个性也在形成着。这两方面是须臾不能分开的，其中人的实践活动是双方相互转化的基础。可以说，没有人的实践活动，就既没有人化自然，也没有人的自然化。进而言之，没有人，也就根本谈不上人与自然的关系。

在这里，强调的是以人为核心，突出的是人与自然的区别、人对自然的主导关系。这是古代和当代的"天人相分"的思想路线，也就是现代人类中心主义生态伦理观的思想路线。

这种思想路线把社会实践作为人与自然建立对立统一关系的基础，它认为人在社会实践中不断改造自然，同时不断改造自身，向完善社会文化体系的方向发展，并促进人类的发展。这是实践唯物主义（主体唯物主义）的思想路线，也是马克思主义的思想路线。

我们认识人与自然的关系，总是从人的角度来把握的，总是从人的需要和利益的

---

① 《马克思恩格斯选集》第1卷，人民出版社1995年版，第5页。
② 《马克思恩格斯选集》第3卷，人民出版社1997年版，第95页。

角度来优化的，总是随着人类的实践活动的发展而发展的。因此，我们应当选择实践唯物主义（主体唯物主义）的思想路线，即选择和坚持马克思主义的思想路线。

二、人类是自然的主体

前面说过，从社会实践的角度看问题，人与自然的关系实际上是主体同客体的关系。也就是说，通过劳动，人与自然的关系转变为以实践为中介的主客体的关系。

马克思说，劳动"不是把人当作某种驯服自然之力来驱使，而是当作主体来对待，这种主体不是单纯地在自然的、自发的形态之下，而是作为支配一切自然之力的活动出现在生产过程里面。"①并且明确指出："主体是人，客体是自然。"②

为什么人能够充当主体呢？因为人是一切存在物中的最高存在物。在人身上，集中体现了自然物所具有的全部精华，同时又产生了其他一切自然物所不具有的特性、属性和活动规律。

人不是像一般动物那样，消极地适应自然界所提供的现成条件来维持自己的生存和发展，而是通过自己的劳动去改造外部自然条件，满足自己的需要，维持自己的生存和发展。这是其他任何一种自然物都不具有的，所以马克思称人是一种"能动的自然存在物"。

人之所以是"能动的自然存在物"，在于他具有意识和自我意识。

现代自然科学证明：人的意识是从动物的感觉和心理发展而来的，但是人的意识与动物的感觉和心理有着根本的区别。人脑比猿脑复杂和严密得多。人脑具有专管语言的语言中枢，而猿脑不具有；人脑具有专管"自我"连续性和整个意识统一性的"自我意识槽"，而动物不具有。

动物的感觉和心理是生物的遗传，而人的意识则是社会实践的产物，并升华为科学、道德、审美等意识观念，因而人的发展摆脱了生物进化的规律，而代之以社会发展规律，使人类自己与动物永久性地区别开来。

动物的感觉和心理是以具体现象的感觉即感性形象出现的，人的意识则以抽象的概念即理性形式为主要特征。所以，即使是人与动物所共有的感性反应形式，人的感觉也比动物的感觉优越得多。

正如恩格斯所说："鹰比人看得远得多，但是人的眼睛识别东西却远胜于鹰。狗比人具有敏锐得多的嗅觉，但是它不能辨别在人看来是各种东西的特定标志的气味的百分之一。至于触觉（猿类刚刚有一点儿最粗糙的萌芽），只是由于劳动才随着人手本身的形成而形成。"③

动物的感觉和心理只是适应环境，因而不可能从自我认定、自我心理感受上升到自我意识。而人的意识是在改造客观世界的社会实践中形成的，人必须把自我作为自

---

① 马克思：《政治经济学批判大纲》第 3 分册，第 250 页。
② 《马克思恩格斯全集》第 2 卷，人民出版社 2005 年版，第 88 页。
③ 《马克思恩格斯选集》第 3 卷，人民出版社 1997 年版，第 512 页。

己认识的对象，形成"自我意识"——人对自我的反省意识，对自己区别于其他自然物的性质、地位和作用以及由此而形成的与其他自然物关系的意识。

人的意识和自我意识具有能动作用。具体表现在如下三个方面。

（1）意识具有目的性和计划性。正如马克思所说："蜘蛛的活动与织工的活动相似，蜜蜂建筑蜂房的本领使人间的许多建筑师感到惭愧。但是，最蹩脚的建筑师从一开始就比最灵巧的蜜蜂高明的地方，是他在用蜂蜡建筑蜂房之前，已经在自己的头脑中把它建成了。"①

（2）意识具有主动创造性。人在社会实践中不仅能够形成正确的思想意识，而且能够以这些正确的思想意识为指导，通过实践把这些思想意识变为现实。意识不仅能够反映世界，而且能够创造世界。

尽管人的实践活动分解开来看，不过是对自然规律的运用，但是它们已经按照人类的需要和目的进行了重新排列和组合，形成了人类实践活动所特有的法则和规范，创造出自然界本来没有的东西，为人类的生存和发展服务。

（3）意识和自我意识使人能够自觉地认识自己、改造自己。它不仅使人认识自己的人体自然，而且认识自己的意识和心理，认识自己建构起来的社会的经济基础和上层建筑，从而主动解决主体与客体的关系，并在这一过程中不断发展自己。

由于人具有意识和自我意识，因此人与自然物能够建立起"为我"的关系。在社会实践中，通过意识和自我意识，人对自身主体地位的认识，就是"自我"；从主体出发，相对主体而言的客体，包括它的一切关系，都是"非我"。"自我"即主体是意识的中心，"非我"即客体被看成"为我而存在者"。

这种"自我"和"非我"就是主体与客体之间的特殊的主从关系。这是人类特有的一种关系。马克思说："凡是有某种关系存在的地方，这种关系都是为我而存在的；动物不对什么东西发生'关系'，而且根本没有'关系'；对于动物来说，它对他物的关系不是作为关系存在的。因而，意识一开始就是社会的产物，而且只要人们还存在着，它就仍然是这种产物。"②

动物与自然的关系是一种自然物之间的关系，动物对自然界没有、也不可能形成实践关系，所以也就没有、也不可能与自然物建立起"为我"的关系。

人作为主体，就意味着人在改造自然的过程中是实践活动和认识活动的承担者，在人与自然的关系中处于主导和主动的方面，能够把自己的意志置入所有的自然外物之中，而且由于置入了"我"的意志，这个自然外物就成为"我"的所有物。

而自然物由于没有"意识"和"自我意识"，它不仅对主体——人来说是外在的，就是对于它自身来说也是外在的。它不能成为主体，而只能作为客体，作为人的实践活动和认识活动指向的对象，在人与自然的关系中处于被认识和被改造的地位。

这种"主体—客体"的关系模式，不仅是指人与自然物的关系，而且是以"我"为

---

① 《马克思恩格斯全集》第 23 卷，人民出版社 1972 年版，第 202 页。
② 《马克思恩格斯选集》第 1 卷，人民出版社 1995 年版，第 35 页。

"主"，以"物"为"对象"、为"客"的关系模式。在这种关系中，主客双方不是平等的关系，而是"主动—被动""支配—被支配"的关系，是"客体""对象"为"我"所用的关系。

这种关系的根本特征在于，主体通过自己的活动和一定的客体发生对象性关系，同时又以这个客体为中介使活动面向自身，同自身发生对象性关系。人在支配自然物的同时，也支配着自己。正因为这样，人才真正主宰世界。恩格斯说："人终于成为自己的社会结合的主人，从而也就成为自然界的主人，成为自己的主人——自由的人。"①

我们这里强调人是自然的主体，丝毫没有否认自然界的本体论意义。恩格斯曾经把人称为是"自然界达到自我意识"的动物。② 人对自然的认识以及对人自己的认识也就是自然对自身的认识，自然在人身上达到了自我意识。这种自我意识不仅是自然界的"自我认识"，而且是自然界的"自我改造"。人类就是自然界对自身的自我认识和自我改造的产物。

人类总是从人与自然的相互关系的角度来看待自然的。人类关心自己在自然世界中的地位、意义和价值。20世纪以来，随着科学的发展与实践，人类的主体地位得到极大的提高，人类的主体性得到充分的发展，人类越来越从自身的需要和价值出发，以自身的内在尺度去改造自然。

因此，如何认识人类在世界中的主体地位，如何发挥、调控主体性的作用，以及人类对自身主体性的自我认识、自我改造和自我把握，就成为现时代的重要课题。

三、人类的使命

既然人类是自然界一切存在物中的最高存在者，是"自然界达到自我意识"的动物，是自然界有机的调控器官，而且人类改造自然界的创造物也已经超出了自然界的范围，形成了人化世界，那么人类就应当把自身的发展融入自然的发展之中，推动自然的发展。这是人类的使命所在。

(一)人类的使命之一是科学地改造自然

有些自然中心主义生态伦理学家认为，人类是自然之子，是大自然家庭中的一员，人类只能顺应自然而不能征服自然，只能看护自然而不能占有自然。他们主张减缓甚至停止人类改造自然的活动，以维护自然的生态平衡。

这种看法在批判人类的唯意志论和主观盲目性的同时，完全否定了人类的能动性和改造自然的正当性和必要性。这是从一个极端走到了另一个极端，显然是站不住脚的。

我们应当肯定人类改造和占有自然的正当性和必要性。问题不在于是否应当"征服"或"占有"自然，而在于要规定"征服"和"占有"的正当性和合理性的范围和方式，即马克思所说的对自然的"人道的占有"问题。

马克思认为，人作为对象化的社会存在物，与认识自然和改造自然的实践活动是

---

① 《马克思恩格斯选集》第3卷，人民出版社1997年版，第443页。
② 《马克思恩格斯选集》第3卷，人民出版社1997年版，第456页。

须臾不能分开的。人与自然之间应当而且必须建立一种全面的联系。人对自然的这种全面占有本质上是对自身本质的全面占有。

他说："通过人并且为了人而对对象化了的人和属人的创造物的感性的占有，不应当仅仅被理解为对物的直接的、片面的享受，不应当仅仅被理解为享有、拥有……人同世界的任何一种属人的关系——视觉、听觉、嗅觉、味觉、触觉、思维、直觉、感觉、愿望、活动、爱……是通过自己的对象性的关系，亦即通过自己同对象的关系，而对对象的占有。"

马克思的这段论述包含着一个重要的思想：人与自然的关系是同人的个性的全面发展的可能性联系在一起的。就是说，人类"占有"自然，不仅把自然界作为自然科学的对象，而且要作为艺术的对象；不仅把自然界作为人的直接的生活资料，而且作为人的本质活动的材料和对象；不仅把自然作为人的无机的身体，而且作为人的精神食粮。

那么，我们应当怎样实现对自然的"人道的占有"呢？关键在于必须科学地改造自然。马克思在100多年前就高瞻远瞩地指出："社会化的人，联合起来的生产者，将合理地调节他们和自然之间的物质变换，把它置于他们的共同控制之下，而不让它作为盲目的力量来统治自己；靠消耗最小的力量，在最无愧于和最适合于他们的人类本性的条件下来进行这种物质变换。"①

在这里，马克思为综合解决人与自然的协调发展指明了方向，主要体现在以下几点。

(1)生产者必须联合起来，共同控制自然。这是人与自然协调发展的前提。人与自然的关系问题，归根结底是人与人的关系问题。要协调和解决人与自然之间的矛盾，首先必须协调和解决人与人之间的矛盾。

只有逐渐消解人与人之间的矛盾，使生产者联合起来，以人类主体的身份来对待自然资源，把自然资源置于人类的"共同控制"之下，进行一元化的协调和合作，才能从根本上解决人与自然的矛盾。

(2)合理调节人与自然之间的物质变换。这是共同控制自然的途径。就是说，人类要以自己的整体利益和长远利益为宗旨，合理地开发自然和利用自然，调节自己与自然之间的物质变换。

这种调节主要是人类的自我调节和自我控制，把自己的活动变成自觉的目的性活动，既从自然索取物质财富，又给予自然以相应的补偿，以保护自然的生态平衡。

(3)调节人与自然之间的物质变换的原则：一是最小消耗，二是合乎人的本性。所谓最小消耗，是指人类必须而且应当依靠消耗最小的力量，来实现和调节人与自然之间的物质变换，使人类社会与自然生态得到协调发展。

所谓合乎人的本性，是指人类作为自然之子，既要服从自然，又要超越自然，在自然和社会的协调发展中展示自己的人性，使自己最终脱离动物界，成为自然的真正

---

① 马克思：《1844年经济学—哲学手稿》，人民出版社1979年版，第25页。

的主人。

人类不仅要科学地改造自然，而且要科学地推进自然的进化。

人类是自然物质形态进化的最高产物。但是，在人类产生以后，自然物质形态的变化不再有超人的发展，它们始终只能以低于人类的水平存在着、变化着或进化着。从人类的角度看问题，它们本身已经不再发展。继续发展着的，是处于物质形态进化前列的物质存在，这就是人类。

所以，从自然物质进化规律看问题，今后物质形态进化的使命就落在人类的肩上。人类不仅是他这个物种延续的关键因素，而且是宇宙价值得以延续和推进的关键因素。自然物质形态的进化史表明：自然物质的进化由个体形式的物质体决定，从基本粒子到原子、分子、细胞、生物体、人这样一个个体系的进化，体现了自然的进步。

因此，人的发展代表着自然物质形态的发展，人是自然物质形态发展的生长点。物质形态的未来发展仍然要沿着这条路线去思考和把握。它在旧世界向新世界转变中具有不可替代的作用。当然，人类不会独自升入一种更高的物质形态，人类的提升是整个自然物质形态的提升。那将是一个全新、更高级的世界。

（二）人类的使命之二是正确认识自己和改造自己

人类的生存和发展已经经过 100 多万年，并经历了农业社会和工业社会，现在正处于信息社会。但是严格说来，人类的发展还处在不成熟的初级阶段。从历史的高度来看，可以发现当代人类的实践活动具有两个显著的特点。

一是改造自然活动的片面性。迄今为止，人类实际上把人与自然的关系仅仅归结为开发自然，归结为生产和技术，只把自然看作原材料、资料和仅仅为满足增加已有价值的需要而存在的东西，把认识自然和改造自然的作用归结到为物质生产服务上。

这种对待人与自然关系的实用主义的做法，既造成了人与自然关系的严重对立和紧张，也是对人和自然的真正蔑视和贬低。当然，使我们变得如此愚蠢和片面的根源在于私有财产制度。

二是以改造自然环境为主，改造人自身只是伴生现象。实际上，人类在改造自然的同时一直在改造着自己，包括人的素质的提高，劳动工具的改进和提高，社会组织方式的提高等。但是比较起来，人类对自身的认识和改造，无论在深度还是广度上，都远不及对于外部自然界的认识和改造。

其中，人类对自身的社会本性的认识和改造又远远落后于对自身的自然本性的认识和改造。正如英国历史学家汤因比所感慨的：在科学技术方面，当代人类比几千年前的祖先不知增长了几百倍，而在道德方面，我们几乎还停留在古人的水准上。这是一种严重的失衡，这是人类的一种畸形的发展。

当前，人类的实践活动受到两方面的挑战：一是来自自然环境的挑战，人类如果不改造自身的功能和结构，就不能适应改造自然环境发展的需要。二是来自人自身的挑战，高智能的工具的出现，使人类的头脑和躯体难以适应。

如果说，在迄今为止的历史时期里，人类是以改造自然环境为主，改造人自身只是伴生现象，那么从今以后，人类则应当而且必须把改造自己提高到与改造自然同等的地位。从发展的观点看问题，人类的发展归根结底要依靠改造自身而不是依靠改造自然。所以，人类改造自己已经势在必行。

人类要改造自己，首先必须正确认识自己。正确认识自己，最关键的问题是必须正确认识自己的能动性和受动性的关系。人作为自然存在物，由于生命、意识、活动起源于自然界而受制于自然界。

正如马克思所说："人作为自然的、有形体的、感性的、对象性的存在物，和动植物一样，是受动的、受制约的和受限制的存在物。"①这就决定了人首先必须顺应自然界，而后才能改造自然界。超越了这一界限，人必然受到自然界的惩罚。具体说来，自然对人的限制表现在以下几方面。

(1)人必须以自然的空间作为自己生存和发展的场所。这种空间包括生活资料的自然富源(如肥沃的土地、渔产丰富的水等)和劳动资料的自然富源(如飞泻的瀑布、可以航行的河流、森林、金属、煤炭等)。

(2)人改造自然需要工具——自然物。如果没有各种利用自然物制作的工具，人类改造自然的活动就几乎无法开展。

(3)人改造自然的实践活动必须依据对自然规律的认识和把握。改造自然不是"逆反"自然的本性，不是同自然"对着干"，而是在适应自然的前提下，依托自然物质条件，对自然加以重新整理和安排，使之适合人的生存和发展。

(4)任何个人都无法逃脱死亡——自然的新陈代谢的规律。这是自然对人最大的、也是最后的限制。

人类应当在改造自然中改造自己。我们这里所说的"改造自己"，不仅包括毛泽东所说的"改造自己的认识能力，改造主观世界同客观世界的关系"，而且包括改造人性中更深层次的东西，改造人类自身和改造人类社会，不仅要提高人类自身的功能，而且要提高人类自身的物性，逐步实现社会内部的高度的有机的整合，因而有着更深刻更全面的含义。

从物质形态进化的角度看问题，人类是比一般自然物更高级、更复杂的物质形态。改造人类是比改造自然物更艰难、更伟大的工作。人类不仅是代表自己的一种特定的物质形态，而且代表着整个大自然。因此，改造人类，意味着人类不仅要依靠社会内部的整合进入新形态，而且要把低于自己的各种物质形态即全部大自然都整合到自身中来，共同进入新形态的世界。

实际上，在人类发展的新的历史时期里，人类与自然的对象性关系，在总体上是双向互动的关系，而且经过长期的认识与被认识、改造与被改造活动，人类与自然的发展趋势已形成了一体化关系。

因此，人类不仅要站在自己种类的立场上，而且要站在自然总体的立场上，去处理人与自然的关系。正确的处理原则应当是：以自然为基础，以人类为主导，以此来总揽物质世界的发展。人类支配自然界要表现为以下两方面。

---

① 马克思：《1844年经济学—哲学手稿》，人民出版社1979年版，第124页。

（1）对自然界不断进行改造，创造出体现人的意志的、"最无愧于和最适合于人的本性"的物质新世界。

（2）对自身进行不断的改造，使人类最大限度地摆脱动物的本性，不仅在理性而且在道德诸方面都成为成熟的真正的人，从而具有无限的创造性。

改造自然是改造人类的必要前提，改造人类是改造自然的必然趋势。这两方面是一个统一的过程。自然界被改造成为新世界，实际上就是自然界的人化，向属人的世界转化；同时人的被改造，人的无限发展，实际上就是人的自然化。

所以，在当代社会，在人类发展的新的历史时期里，人类一方面要整合社会内部的关系，另一方面要继续改造自然、人化自然，使自然与人不断整合。无论哪种整合，其结果都是为了改变人自身。在人与自然的这种双向互动中，二者将逐渐走向新的对立统一。

新形态的世界是改造自然与改造人类的统一，这就是人类的理想社会——共产主义："作为完成了的自然主义，等于人道主义，而作为完成了的人道主义，等于自然主义，它是人和自然之间、人和人之间矛盾的真正解决……它是历史之谜的解答，而且知道自己就是这种解答。"①

>>> **思考题**

1. 如何理解人的自然性和社会性的关系？
2. 如何理解人与自然的关系？
3. 如何理解人类的使命？

---

① 《马克思恩格斯全集》第 42 卷，人民出版社 1979 年版，第 120 页。

第二章　中国传统生态伦理思想

▶第一节　墨家的生态伦理智慧

墨家的伦理学是围绕着"兼相爱、交相利"这一基本论点而展开的。它由墨子开创，并为后期墨家所发展，内容丰富，影响深远。

墨家从现实生活习俗的消极影响以及政治争斗的破坏性结果出发，对奢侈浪费和攻伐掠杀进行了激烈的批判，体现了他们对人类及人类社会建设成果的爱护，而且这种爱护包含了对自然和生命的爱护。在墨家节用、节葬、非乐、非攻等思想中，可以挖掘出保护自然、保护生态的现实原则。

墨子从人与动物相区别的本质特征出发，说明了人类不应当过度地剥夺自然。他说："今人固与禽兽、麋鹿、蜚鸟、贞虫异者也。今之禽兽、麋鹿、蜚鸟、贞虫，因其羽毛以为衣裘，因其蹄蚤以为绔屦。因其水草以为饮食。故唯使雄不耕稼树艺，雌亦不纺绩织纴，衣食之财固已足矣。今人与此异者也：赖其力者生，不赖其力者不生。"（《非乐上》）

这段话的意思是动物是靠自己的身体条件（羽毛蹄爪）和现成的自然条件（水草）来求生存，而不是靠生产来求生存。而人则不同：依靠自己的力量从事生产才能生存，反之就不能生存。人生来就有从事生产劳动的能力。生产的观念是墨家学说的一个出发点和归宿，然而，生产本身是要受限制的。这种限制来自两个方面，一是劳动力的限制，二是自然资源的限制。墨家对这两方面的限制都有所论述。

一方面，墨家重视生产以满足社会给用。墨家非常重视五谷与财用：农业要抓紧季节时令，要充分发挥土地的潜力；社会财富除用于必要的消费之外，还应该有必要的储备。墨家认为社会应该保证有足够的劳动力来从事农业生产，认为一个社会如果吃饭消费的人太多，那也要造成严重的社会问题。墨子还关注到，当时中国地广人稀，有许多荒地没有开垦，加上连年战事，人口锐减，造成劳动力不足。所以他常把"人民之众"跟"国家之富"和"行政之治"并提，作为国家强盛的标志，认为在自然环境能够容纳的情况下，应当合理地发展人口。另一方面，墨家认为要合理地利用自然资源和人口资源而不要过分地剥夺自然资源，主张节用、节葬并非攻。其中，节约尚俭是墨家提倡并身体力行的一个基本思想。墨家在衣、食、住、行、丧葬等各方面，都主张节约，反对浪费，而且对当时社会上在这些方面的奢侈行为进行了批判。

▶第二节 儒家的生态伦理思想

一、孔子的生态伦理思想

孔子在《论语》中说,"吾十有五而志于学,三十而立,四十而不惑,五十而知天命,六十而耳顺,七十而从心所欲,不逾矩。"(《论语·为政第二》)孔子还说:"君子有三畏:畏天命,畏大人,畏圣人之言。小人不知天命而不畏也,狎大人,侮圣人之言。"(《论语·季氏第十六》)这里的"天命"就是指自然(包括天地人)规律,"知天命"即对自然规律的了解。孔子把"知命畏天"看作君子才具备的美德。

孔子在《要》篇中阐明的"知天畏命"的天命观,强调贤明的君子不违背时宿,不逆日月而行,不依靠卜筮来掌握吉凶,只是顺应(遵循)着天地自然变化的规律。它体现了孔子的伦理精神不仅贯穿人生之道,也贯穿天命之道,亦即孔子不仅仅是对人类讲伦理,亦对天地(自然)讲伦理,这正是孔子生态伦理意识的自然流露。可以看出,孔子的生态伦理意识不仅仅体现在"知天命",而且更重要的是体现在"畏天命"。敬畏天命是孔子提出其生态伦理思想的理论基石。

为什么要敬畏天命?天命是客观存在的不可抗拒的自然规律,如四时变化,万物生长都有其自身的规律性,人们只有掌握它,春耕播种,才有金秋收成;人们只有适应它,热天降暑,冬日防寒,才能健康不病。如果违背天命,既不能搞好粮食生产,也难以保证人自身健康成长,这无异于自取灭亡,所以君子必然要敬畏天命了。

孔子敬畏天命的思想不仅仅是要人们遵循自然规律办事,而且还将"畏天命"与否,作为一条划分"君子"与"小人"的分界线,要求君子卑以自牧,不做过头事,不讲过头话,维持人与自然的和谐和世界的安宁、和平,体现了一种天人合一的生态伦理意识。

《中庸》讲"君子居易以俟命,小人行险以侥幸。"小人没有"畏天命"之心,所以肆意妄为,什么缺德事都干得出来,既敢破坏人与人之间的关系,也敢破坏人与自然之间的关系。当今世界出现的"道德危机""信仰危机"和"生态危机"现象也与不"畏天命"有关。由此,可体会两千五百年前孔子提倡敬畏天命、树立君子人格、维护人类社会健康发展的良苦用心。因此,当今社会理应效法孔子敬畏天命的君子人格论,培养自觉遵循天地自然规律的生态伦理意识。

二、孟子的生态伦理思想

1."仁民而爱物"的生态爱护思想

孟子说:"君子之于物也,爱之而弗仁;于民也,仁之而弗亲。亲亲而仁民,仁民而爱物。"(《孟子·尽心上》)意思是说,君子对于禽兽草木万物,爱护它,但不用仁德来对待它;对于民众,用仁德来对待他,但不亲爱他。君子由亲爱自己的亲人,进而仁爱民众;由仁爱民众,进而爱护万物。这里孟子严格区分了"爱""仁""亲"三种美德,即对万物讲"爱",对民众讲"仁",对亲人讲"亲",这体现了孟子仁爱有差的思想。"仁民而爱物"命题还揭示了"功至于百姓"(仁民)要与"恩足以及禽兽"(爱物)相统一的生态伦理思想。

《孟子·梁惠王上》记载了一次孟子与齐宣王的对话。孟子对齐宣王说:"今恩足以及禽兽,而功不至于百姓者,独何与?"意即如今大王您的好心好意足以使禽兽沾光,却不能使百姓得到好处,这是为什么呢?可以看出,孟子是主张推恩爱物必须与仁爱百姓相统一,不能顾此失彼的。

他说:"推恩足以保四海,不推恩无以保妻子。古之人所以大过人者,无他焉,善推其所为而已矣。"(《孟子·梁惠王上》)意即实施"仁民"和"爱物"这两种"推恩"美德,足以安定天下,不实施则不能保护好自己的妻子儿女。古代的圣贤(指尧舜汤文王周公等)之所以大大地超越了一般人,没有别的原因,只是他们善于推行其好的行为罢了。为了更好地做到"仁民而爱物",孟子主张"老吾老以及人之老,幼吾幼以及人之幼"(《孟子·梁惠王上》),描绘出一幅天下老少和睦相处的美好景象。这种人间"仁民"的盛景再加之以推恩万物的"爱物"盛景构成了孟子理想的儒家生态社会。

2."使民养生丧死无憾"的生态伦理责任观

孟子在提出其理想的儒家生态社会时,体现出了其深深的生态伦理责任观。

他说的三项有利于农业生产的举措——"不违农时""数罟不入污池""斧斤以时入山林",目的都是为了"使民养生丧死无憾"(《孟子·梁惠王上》),即让老百姓能够赡养活着的人,埋葬死了的人,而不感到有遗憾。

在孟子所生活的战国中期,"民不聊生"问题相当突出,孟子认为要"使民养生丧死无憾",就必须有"爱物"思想的生态伦理责任观。

这种责任观认为,民众通过农业种植、捕猎、采伐,从大自然获取必要的生存资源,建立起了一种"天人合一"的生存关系,所以为了使正常的天人关系不受破坏,保持可持续发展,必须要求民众(当然也包括靠民众养生的统治者们)自觉培养起一种对大自然的生态伦理责任意识。

那么,如何培养这种"使民养生丧死无憾"的生态伦理责任意识呢?首先,孟子从其英雄史观出发,要求作为国家最高统治者的君王必须"与百姓同乐"(《孟子·梁惠王下》),行仁政,法先王之道即儒家推崇的"尧舜之道"。君王带头仁覆天下百姓,树立起仁民的生态伦理责任意识,老百姓才会加以仿效、学习,产生"爱物",即与大自然和谐相处的责任感。其次,孟子从其"天下之本在国,国之本在家,家之本在身"(《孟子·离娄上》)的治国逻辑出发,要求重视家庭教育,通过家长对子女"申之以孝悌之义",告诉子女们为了确保"七十者衣帛食肉,黎民不饥不寒"(《孟子·梁惠王上》),而必须自觉培养对大自然的生态伦理责任,否则就是对父母老人的不孝。

孟子"使民养生丧死无憾"的生态伦理责任观体现了自然对人类的重要性,提倡树立永葆自然资源造福于民的生态责任意识,这对保持人与自然的和谐、维护生态平衡和促进社会的可持续发展具有十分重要的意义。

三、荀子的生态伦理思想

1."天行有常"的生态伦理意识

荀子在《荀子·天论》中提出了"天行有常"的生态伦理观："天行有常，不为尧存，不为桀亡。应之以治则吉，应之以乱则凶。强本而节用，则天不能贫；养备而动时，则天不能病；修道而不贰，则天不能祸。故水旱不能使之饥渴，寒暑不能使之疾，祆怪不能使之凶……受时与治世同，而殃祸与治世异，不可以怨天，其道然也。故明于天人之分，则可谓至人矣。"

荀子认为，自然界的运行变化是有规律的，不会因为有尧这样的好帝王而存在，也不会因为有桀这样的暴君而消亡。只有明白自然界与人类各自有自己的职分，才可以称得上是一个高明人。

值得注意的是，这里荀子提出人类社会出现的饥荒、疾病和殃祸"不可以怨天"，是由于"应之以乱"，即没有处理好人与自然的关系造成的。无疑，这里谈的天人关系明显包含了人与自然之间的伦理关系，即生态伦理问题。荀子通过"诚"这一道德规范，把"天之道"和"人之道"连在一起，显然是继承了儒家天人合一的传统。比荀子早半个多世纪的儒家"亚圣"孟子就说过："诚者，天之道也；思诚者，人之道也。至诚而不动者，未之有也；不诚，未有能动者也。"（《孟子·离娄上》）

孟子实际上已将"天之道"和"人之道"之所以"能动"（天人感应）归结在一个"诚"字上了，荀子则在此基础上作出了新的概述。由此可见，孔孟荀儒家讲天人关系的一致性。

2."制用天命"的生态伦理实践观

荀子不仅从"天行有常"中体会出天人合一的"诚"的生态伦理意识，而且重视生态伦理实践，提出了"制用天命"的生态伦理实践观。他说："人之命在天，国之命在礼。君人者，隆礼尊贤而王，重法爱民而霸，好利多诈而危，权谋倾覆幽险而尽亡矣。大天而思之，孰与物畜而制之。从天而颂之，孰与制天命而用之。望时而待之，孰与应时而使之。因物而多之，孰与骋能而化之。思物而物之，孰与理物而勿失之也。愿与物之所以生，孰与有物之所以成。故错人而思天，则失万物之情。"（《荀子·天论》）荀子在这段话里强调人类的命运在于如何对待自然界，主张把天当作自然物来蓄养、控制而加以利用，既要顺应季节的变化使之为人类服务，又要施展人类的才能促使其不断繁殖再生，用人力确保万物成长下去；既要合理利用万物，又要不造成浪费；不能一心指望天赐恩惠而放弃人类的努力，这样，才不会"失万物之情"。

荀子认为，只有充分而合理地利用和爱护好生态资源，建立起天下"尊贤而王"或"爱民而霸"的良好社会秩序，才能避免人类走进"尽亡"的泥坑。

荀子作为中国古代具有朴素唯物论与朴素辩证法相统一思想的杰出思想家，把人类的命运自觉地与如何对待大自然联系起来，并号召人们积极主动地发挥人的主观能动性，采取"物畜而制之""制天命而用之""应时而使之""骋能而化之""理物而勿失之"等一系列符合生态伦理要求的对策。此外，荀子还强调不"失万物之情"，体现了一片爱护万物的生态伦理情怀。

3."圣人之制"的生态资源爱护观

荀子从他的"制天命而用之"的生态伦理思想出发，提出了"圣人之制"的生态资源爱护观，体现了"制用"和"爱护"相结合的生态伦理辩证思想。他在《荀子·王制》中说："圣王之制也，草木荣华滋硕之时，则斧斤不入山林，不夭其生，不绝其长也；鼋、鼍、鱼、鳖、鳅、鳝孕别之时，罔罟毒药不入泽，不夭其生，不绝其长也；春耕、夏耘、秋收、冬藏，四者不失时，故五谷不绝，而百姓有余食也；污池渊沼川泽，谨其时禁，故鱼鳖优多，而百姓有余用也；斩伐养长不失其时，故山林不童，而百姓有余材也。圣王之用也……谓之圣人。"

以上文字是荀子作为《王制》篇中的核心——"圣人之制"提出来的，由此可见爱护自然资源在荀子心目中的地位何等重要！这也无可辩驳地说明了荀子对天地万物不仅仅是"制而用之"，他也高度重视自然资源的可持续性利用并自觉地维护生态平衡。实际上这种"谨其时禁""不失其时"的爱护自然资源的措施，如果能认真加以实施，那么就可以确保百姓有余食、有余用、有余材，亦即老百姓的衣食住行都可以不成问题了，从而体现"圣王之用"的光辉，是名副其实的"圣人"。因此，所谓"圣王""圣人"也必须是能够爱护自然资源的人。

荀子"圣人之制"的生态资源爱护观还特别强调要坚定不移地按自然规律办事。他说："修道而不贰，则天不能祸。故水旱不能使之饥，寒暑不能使之疾，祅怪不能使之凶。"（《荀子·天论》）意即只要坚定不移地（"不贰"）按自然规律办事，大自然就不会危害我们，即使出现水灾、旱灾和寒暑变异的天气也不能使饥荒、瘟疫和各种灾难发生。

荀子主张"无为无强"地发展生产，反对人为地破坏自然资源，这体现在其提出的一套"人祅"理论之中。他说："物之已至者，人祅则可畏也：楛耕伤稼，耘耨失岁，政险失民，田秽稼恶，籴贵民饥，道路有死人，夫是之谓人祅；政令不明，举错不时，本事不理，夫是之谓人祅；礼义不修，内外无别，男女淫乱，父子相疑，上下乖离，寇难并至，夫是之谓人祅。祅是生于乱，三者错，无安国。"荀子认为"人祅"（人为的怪事）有三种，涉及农业生产、政治和人伦礼义三个方面。其中"伤稼"（伤害庄稼）、"失岁"（农业歉收）、"田秽"（田地荒芜）、"民饥"（百姓饥饿）、"不时"（破坏农时）、"本事不理"（不抓好农业生产）等显然与人为地破坏自然资源有直接关系。人类社会正是由于有"人祅"，老百姓才会饥饿，国家才会不安宁。所以荀子一再讲天灾不可怕，人为造成的破坏才真正可怕。

荀子在两千两百多年前提出"人祅可畏"是相当有远见的。用荀子的"人祅"理论审视当今全球性的生态环境问题，我们不也可以说，所谓的"生态危机"不正是全球"人祅"太多、人为破坏严重而使得整个世界积重难返的结果吗？荀子倡导采取"圣人之制"的措施保护自然资源，反对人为破坏，一方面是出于其儒家仁爱的立场，另一方面是他看到了实施可持续发展、保持资源不枯竭的极端重要性。

▶第三节　道家的生态伦理思想

一、老子的生态伦理思想

1."道法自然"的生态平等观

老子的生态伦理思想是建立在"道法自然"的生态平等观基础之上的。

《老子》第25章说:"有物混成,先天地生。寂兮寥兮,独立而不改,周行而不殆,可以为天下母。吾不知其名,字之曰道,强为之名曰大。大曰逝,逝曰远,远曰反,故道大、天大、地大、王亦大。域中有四大,而王居其一焉。人法地,地法天,天法道,道法自然。"老子认为,宇宙间存在一种"先天地生"而且"为天下母"的东西,他把它取名为"道"。这个"道"是宇宙万物的本体,是为感官所不能接触的实在。它是宇宙万事万物所共同具有的一切物质的和观念的存在。这个"道"最基本的法则是"道法自然"。

老子认为,宇宙间的"四大"即"道大、天大、地大、王亦大",都是平等的,没有地位高低和贵贱之别,这样他就把自己的生态伦理思想建立在生态平等观之上了。为什么要爱护环境、尊重自然?因为天地万物与王一样皆是尊贵的("大")、平等的,人与人之间讲伦理,人与生态万物之间当然也应该讲伦理。老子以为,道、天、地、人,这"四大"共同遵循的普遍规律是"自然",即它们都是自然而然生成的,也应该自然而然地发展下去,任何"人为"的乱来和"天地主宰"的行为都是违反自然本性的。这样老子就既否定了"人类中心主义",又否定了"天地主宰论",是地地道道的生态平等主义者。

老子认为,在宇宙间,不仅人类尊贵,天地尊贵,天地人共同拥有的"道"亦是尊贵的,这"四大"都以尊贵的身份参与宇宙大自然的衍生过程,都是宇宙这个"域"中的一分子,都是大自然的一部分。他认为宇宙间从来就没有什么"救世主"(主宰者),任何东西(天地万物和人),包括生成天地万物和人的"道"本身,都是平等的,它们皆是宇宙间的伟大者,所以天地万物和人类一道都要珍惜自己,敬畏生命,以不负于"大"者的尊严。

这样老子就把"贵生""重死"的生态哲学从人类扩充到宇宙天地万物之间,具有了一种深层次的彻底的宇宙生态伦理观,这是老子哲学对人类世界的伟大贡献之所在,值得珍惜。

2."天网恢恢"的生态整体观

老子的生态哲学,不仅提出宇宙间"四大"尊贵而平等,而且认为这"四大"是彼此作用的一个整体。《老子》第73章在讲"天之道"时,提出了一个生态哲学命题:"天网恢恢,疏而不失。"老子认为宇宙大自然就是一张"天网",这张网看上去虽然稀疏,却非常宏大,布局严密,没有缺失。正是这张"天网"使宇宙间的"四大"彼此之间相互联系、相互作用,共同维系起宇宙大自然衍生的责任和义务。这张"天网"是通过"人法地，地法天，天法道，道法自然"的自然规律发生联系的，"四大"各自拥有和占据着一个网域，都有一个域名，就像现代的互联网一样，遍布全世界，为宇宙之生生不息服务。如果缺少任何一个"四大"都会破坏这张"天网"的完整性，所以老子特别强调"疏而不失"四字。这里"疏"字有着深刻的生态哲学含义，是形容彼此独立自主，表面看上去联系松散，但实质上是共生在一张网上，是彼此牵连的。"天网"是严密的，有着自身内在的联系规律，"四大"在天网中彼此独立自主，又相互依附，和平共处，保持着生态整体的完善性。然而，这张"天网"又是如何保持秩序井然的呢？老子提出了"道法自然"和"道生万物"两条准则，共同维护"天网"的运行，这也是老子生态整体观之原创性的集中体现。

老子的"天网"说，还不仅仅停留在"两大准则"理论上，他还提出了使这张"天网"本身维系更好（生态系统平衡）的作用方式。《老子》第77章说："天之道，其犹张弓也。高者抑之，下者举之；有余者损之，不足者与之。天之道，损有余而补不足。"这就揭示了"天网"维持平衡之道，"天网"发生作用时，就如拉开了弦的弓一样，高了就把它压低些，低了就把它提高些。天网的运行始终贯彻一条"损有余而补不足"的平衡规律，这样才确保宇宙大自然的生态系统平衡。

当然，这种系统平衡是动态的，不是一劳永逸的，新的系统平衡总要取代旧的系统平衡，从而生生不息，使宇宙万物不断衍生下去。这才是老子生态伦理观的归宿所在。

3."知常曰明"的生态保护观

老子生态伦理思想不仅仅体现在"道法自然""天网恢恢"的论述上，还体现在"知常曰明"的生态保护观上。《老子》第16章提出："万物并作，吾以观复。夫物芸芸，各复归其根。归根曰静，静曰复命。复命曰常，知常曰明。不知常，妄作凶。知常容，容乃公，公乃全，全乃天，天乃道，道乃久，没身不殆。"这段话是老子对其提出的"观复"生态哲学思想的解释。老子认为，要保持大自然的美好环境，做到良性循环（往复），生生不息，不使之受到破坏，必须从维护"万物并作"的立场出发，讲究"知常"的辩证法，不肆意妄为，这样人类才不会有毁灭自身的危险。"常"即自然规律。"知常曰明"即掌握自然规律才不会胡来。"不知常"即不懂得自然规律，胡作非为，这样就会导致"凶"的后果。那么如何做到"知常曰明"呢？老子提出了如下方法。

（1）老子认为，万事万物都存在一个共同的本质——道，这个"道"是产生万事万物的总根源，所以认识事物、掌握规律，必须善于透过现象看本质，正确理解其中包含本质性和自然性实质的"道"。老子认为，这个"道"既不是上天创造的，也不是随便附加于物质上的，它本身是有规律性的，只要善于观察、细心体会，就能够认识它。

（2）老子认为，要善于从事物的对立统一关系中认识客观规律，因为任何事物的存在都是相互依存的，不是孤立的。他说："天下皆知美之为美，斯恶已；皆知善之为善，斯不善已。故有无相生，难易相成，长短相形，高下相倾，音声相和，前后相随。"（《老子》第2章）老子认为正反双方互为存在的条件，美与恶、有与无、难与易、长与短、高与下、前与后都是通过对方的存在而存在着的，所以从对立面认识和把握

客观规律不失为一种有效的方法。

（3）老子主张从事物的运动变化中认识和把握规律。任何事物都处在运动变化之中，不能抱着一成不变的思想去认识事物。《老子》第42章提出"物或损之而益，或益之而损"，意思是事物过于"损"时就会出现"益"，反之，过于"益"时就会出现"损"，任何事物的运动变化都遵循物极必反、损益互补的原则，在运动中求得发展。《老子》第22章讲的"曲则全，枉则直，洼则盈，敝则新，少则得，多则惑"，便是在事物的运动变化中认识其客观规律的生动记录。在运动变化中把握转化规律，这是正确认识事物的又一可行办法。

（4）老子为了帮助人们更好地认识客观规律，提出了对比认识法。《老子》第54章讲："以身观身，以家观家，以乡观乡，以邦观邦，以天下观天下。吾何以知天下之然哉？以此。"意思是从己身而反观他人之情况，在这家就能知道别家之事景，在这乡就能知晓他乡之变化，居此国就能明白他国之国情，以现在天下的状况就能明察未来天下的状况。老子的对比认识法源于《周易·系辞下》讲的"近取诸身，远取诸物"观察法。老子认真吸取了这一观察认识事物的方法，并将之提高升华为"知天下"的认识路线。这一方法对认识客观规律的确是有助益的。

老子认为，只要认识主体掌握了这些方法，加强主观修养，是可以做到"知常曰明"的。做到"知常曰明"是维护生态平衡的前提。对于保护生态环境，维持生态系统的良性循环，老子提出了如下主要措施。

（1）主张统治者要带头实行绿色消费观。《老子》第29章提出了"圣人去甚、去奢、去泰"的生态哲学命题，要求统治者饮食不要奢侈，住宅不要太豪华，宴请不要太过分。因为饮食奢侈，势必消费过多的粮食；住宅豪华，势必消耗过多的土地空间和建筑材料；宴请过分，势必造成粮食资源的巨大浪费。所以必须实行"去甚、去奢、去泰"的绿色消费观。

（2）主张知足知止，爱护资源，确保资源用之不竭的长久之道。《老子》第44章提出："甚爱必大费，多藏必厚亡，故知足不辱，知止不殆，可以长久。"老子认为，过多的爱好必定会造成大量耗费，过多的收藏必定会酿成严重的损失。只有知道满足才不会受到侮辱，知道适可而止才不会有危险，这样才可以保持资源的长久不竭。

（3）反对发动战争，破坏生态环境。《老子》第30章提出："以道佐人主者，不以兵强天下，其事好远。师之所处，荆棘生焉。"《老子》第31章提出："夫兵者不祥之器，物或恶之，故有道者不处。"老子认为，以兵强天下，发动战争，势必破坏生态，造成资源的浪费。"师之所处，荆棘生焉"八个字将战火所到之处，民不聊生、大量耕地荒废、荆棘丛生之景生动地描绘出来了。所以老子认为用兵是不祥的做法，为有道之士所不取。

（4）提倡生养万物而不去宰杀的生态伦理慈爱观。《老子》第2章提出："万物作而弗始，生而弗有，为而弗恃，功成而弗居。"第10章、第51章又一再强调："生而不有，为而不恃，长而不宰，是谓玄德。"意思是自觉去养育万物，使之生长而不去占有，不去宰杀，这才是最高的德性。

二、庄子的生态伦理思想

1."至德之世"的生态道德理想

在道德理论方面，老子曾明确主张"处其厚，不居其薄；处其实，不居其华。"（《老子》第38章）从这一基本思想出发，老子强调"见素抱朴，少思寡欲。"（《老子》第19章）倡导道德的"复归"，主张"复归于婴儿""复归于朴"（《老子》第28章），表达了对淳厚朴实美德的追求。庄子对老子的道德理想心领神会，并作了淋漓尽致的发挥。庄子主张人类放弃改造自然的企图和人为的仁义礼智，恢复淳朴的人性和真实的自我，保持无拘无束无知无欲的原始生活，建立返璞归真回归自然的"至德之世"。

在庄子看来，"至德之世"不仅是一幅历史意义上的社会蓝图，而且是一种生态意义上的道德理想。"至德之世"具有以下五个特征。

（1）"至德之世"在远古时代的原始社会出现过。那时社会尚未形成，人类处于自然状态，人们和鸟兽同居，与万物为友，没有君子与小人之别，没有知识，本性朴实。

（2）"至德之世"没有所谓的仁、义、礼、智等"今世"道德观念。当时的人们，"不知义之所适，不知礼之所将"，"端正而不知以为义，相爱而不知以为仁，实而不知以为忠，当而不知以为信"（《庄子·天地》）。

（3）"至德之世"的人们过着无拘无束的生活，"其行填填，其视颠颠"，"卧则居居，起则于于"，"上如标枝，下如野鹿"，"含哺而熙，鼓腹而游"。

（4）"至德之世"的社会道德处于无比纯真的状态，人们"无知无欲"，"其民愚而朴，少私而寡欲；知作而不知藏，与而不求其报"，"同乎无知，其德不离；同乎无欲，是谓素朴，素朴而民性得矣"（《庄子·马蹄》）。

（5）"至德之世"中人与自然的关系是"物我同一"，"天人和谐"。在庄子心目中，天、地、人和物是相互依存、彼此和谐的，"天地与我并生，而万物与我为一。"（《庄子·天地》）庄子把人与自然的和谐称为"天乐"，认为"与天和者，谓之天乐。"（《庄子·天道》）由此可见，"至德之世"的道德理想充满了生态伦理智慧。

庄子为什么主张建立他心目中至善至美至纯至真的"至德之世"呢？庄子认为，在自然状态下，人类社会刚刚诞生，人们无知无欲、怡然自得。后来随着社会的发展和时代的前进，远古时代淳朴的"民性"遭到了破坏，阶级矛盾日益尖锐，社会道德每况愈下。在庄子看来，政治变革和道德教化都不是改良社会的途径，唯一的出路乃是重新返回远古那样的"至德之世"。

由此可见，"至德之世"就是返璞归真回归自然。那么，又怎样才能实现"至德之世"呢？庄子认为，构建"至德之世"，必须坚持如下三点。

（1）以"无为"为总的指导原则。庄子所理解的"无为"乃是顺应自然而不作不为，最终实现"无所不为"。

（2）大力提倡"绝圣弃智"。庄子认为，"圣智"是社会璞真之德退化的总根源，"举贤则民相轧，任智则民相盗"。因此，要实现"至德之世"，必须"绝圣弃智"。

（3）着重强调"法自然"。所谓"法自然"，是指一切以自然为法，凡事顺应自然，不

用人为干扰。"法自然"的目的在于效法天德，维护自然界的完美。

诚然，庄子心目中的"至德之世"是永远无法实现的，因为人类社会的发展是不可逆转的历史潮流，主张人类由文明社会退回原始状态的想法是虚幻的、反历史的。不过，从生态伦理的角度来看，"至德之世"的理想包含着合理的内核，闪烁着智慧的火花。这主要体现在以下几点。

(1)"至德之世"力主回归自然，而回归自然是人的一种深层心理需要。人是自然的产物，人在自然的母体中孕育生长，自然在人的记忆中刻下了无法抹去的痕迹，亲近自然是人的一种生命的本能和内心的呼唤。

(2)"至德之世"强调遵循自然规律，顺应自然。人与自然的关系，总的说来包括两个方面：一方面，人要改造自然，使其适于自己的生存和发展；另一方面，人又始终受着自然环境的影响和制约。因此，人类在利用自然改造自然，充分发挥主观能动性的同时，必须遵循自然规律，按自然本性办事。

(3)"至德之世"认为"天与人不相胜"，也就是说，人与自然不是互相对立的，而是相互和谐的，只有天人和谐，才能实现"天乐"；只有实现自然与人文的和解，自然与人类才能保持可持续发展。天人和谐思想是正确处理人与自然的关系的基本原则。

2."物我同一"的生态伦理情怀

"至德之世"是庄子穷其一生的不懈追求，也是其梦寐以求的理想王国。"至德之世"强调天人和谐。庄子认为，天人和谐意即"物我同一"，亦即"物化"之"天乐"境界(《庄子·天道》)。庄子"物我同一"的生态伦理情怀是其"至德之世"的生态道德理想之基石，它包括三个环环相扣层层递进的层次，即"天人合一""物无贵贱"和"顺物自然"。

(1)天人合一。

"天人合一"是中国哲学天人观的传统主题。庄子所谓的"天"，是一种人类生存的原始境域，是一个以"自然"为最高表征、天下万物各适其所地生存于其中的一个具有无限关联意义的整体世界。"天"与"人"本质上是融合为一的，"天"只有有了人的生存参与才成为"天"，人也只有在"天"的原始境域中才能展开其本真生存。所以庄子说："人与天一也"(《庄子·山木》)；"天地与我并生，而万物与我为一"(《庄子·齐物论》)。庄子认为，自然界是一个不能分割的整体，万物相互蕴含。他说，"天地一指也，万物一马也"(《庄子·齐物论》)；"天地虽大，其化均也；万物虽多，其治一也"(《庄子·天地》)。"人与天一"的观念强调人与自然环境的相互依存，庄子说："夫函车之兽，介而离山，则不免于网罟之患；吞舟之鱼，砀而失水，则蚁能苦之。"(《庄子·庚桑楚》)也就是说，即使能含车的巨兽，离开了生活的山野，也免不了网罟的灾祸；口能吞舟的大鱼，被波涛荡出了水流，小小的蚂蚁也能使之困苦不堪。万物都离不开自然环境，我们人类也离不开大自然的怀抱。

"人与天一"的观点是庄子"物我同一"思想的基点，有助于我们把人类与自然界看成一个有机整体，从"我们只有一个地球"的整体角度出发，从人与自然互为一体的视角着眼，合理地利用自然和改造自然，加强环境保护，正确处理人与自然的关系。

（2）物无贵贱。

道家认为，人与天是相互统一相互融合的，作为万物一员的人类本身并没有高于或优于其他物类的特殊价值，两者在价值上是完全平等的，因此，庄子从"人与天一"自然推出"物无贵贱"。儒家认为人是最高贵的，"水火有气而无生，草木有生而无知，禽兽有知而无义，人有生有气有知亦且有义，故最为天下贵也。"（《荀子·王制》）庄子则认为人类并不比其他物类高贵或低贱，万物的差异不在于贵贱，而在于"道之所以，德不能同"（《庄子·徐无鬼》），正由于此，才"有人之形，故群于人。"茫茫宇宙，人与天地万物同属于物，"号物之数谓之万，人处一焉；人卒九州，谷食之所生，舟车之所通，人处一焉；此其比万物也，不似毫末之在于马体乎？"（《庄子·秋水》）这就是说，物类号称万种之多，人不过是其中之一，拿人跟万物相比，不正像毫毛在马身上吗？因此，庄子认为，"以道观之，物无贵贱"（《庄子·秋水》），意思是从道的角度来看，万物都是道的产物，都具有本身不可替代的内在价值，所有物类同本同根，没有贵贱之分。

庄子"物无贵贱"或"物我同等"的思想具有超前性。两千多年后，利奥波德（A. LeoPold）提出，自然界的事物是没有等级差别的，人类和大自然的其他事物是平等的；史怀哲（A. Schweitzer）指出，所有生命都有生存的权利，人类应当像敬畏自身生命一样敬畏万物的生命；塞尔特（H. S. Salt）认为，一切生命都没有高低贵贱之分，应当尊敬所有个体的自由和生存权利，这些权利都是天赋的。

（3）顺物自然。

人与自然是相互平等的，彼此并无贵贱之分，因此，人类不能主宰自然，只能"顺物自然"（《庄子·应帝王》）。"顺物自然"就是尊重客观规律，顺应事物本性。庄子说过，"为事逆之则败，顺之则成"（《庄子·渔父》）。因此，必须"顺之以天理，行之以五德，应之以自然"（《庄子·天运》）。庄子为什么提倡"顺物自然"呢？在庄子看来，"顺物自然"是遵循自然规律的客观需要。庄子认为："天下有常然。常然者，曲者不以钩，直者不以绳，圆者不以规，方者不以矩，附离不以胶漆，约束不以绳索。故天下诱然皆生，而不知其所以生；同焉皆得而不知其所得也。"（《庄子·骈拇》）其中常然即正常状态，相当于自然规律或事物本性。

庄子还提出："则天地固有常矣，日月固有明矣，星辰固有列矣，禽兽固有群矣，树木固有立矣。"（《庄子·天道》）意即自然法则是客观存在的，因此凡事应循自然之理。"天地有大美而不言，四时有明法而不议，万物有成理而不说。圣人者，原天地之美而达万物之理。"（《庄子·知北游》）此外，"顺物自然"还是尊重事物差异的要求。庄子认为万物各有其性，各有其用，不能用一把尺子量到底，只能任其本性，用其所长。

庄子将"顺物自然"提升到治国的高度，认为"顺物自然而无容私焉，则天下治矣"（《庄子·应帝王》）。那么，怎样才能做到"顺物自然"呢？庄子认为，"顺物自然"必须做到尊重自然规律，顺应事物本性，以实现无为而不有为。一切事物都应当按照自

然本性而存在生长，用不着人为治理，因为治理反而残害了事物的本性，背离了事物的本真。

随着科学技术的发展，人类打着"战胜自然，征服自然"的旗帜，疯狂掠夺自然资源，恣意破坏生物物种，乱砍滥伐，肆意捕猎，在向大自然任意索取的同时，人类最终也受到了大自然的报复，使自身的可持续发展陷入重重困境。

因此，面对日益严重的生态危机，我们有必要仔细领会庄子的生态伦理思想，有选择有批判地继承其"物我同一"的生态伦理情怀，践行其"万物不伤"的生态伦理精神，追求其"至德之世"的生态道德理想，把我们的地球建成一个山清水秀、鸟语花香的新世界。

>>> 思考题

1. 墨子节用、节葬、非攻思想及其现实意义有哪些？
2. 如何理解孔子"弋不射宿"的生态资源节用观？
3. 如何理解孟子"使民养生丧死无憾"的生态伦理责任观？
4. 老子提出保护生态环境的主要措施有哪些？
5. 如何理解庄子"万物不伤"的思想？

第三章　世界和中国的资源状况

▶ 第一节　水资源状况

一、世界水资源状况

(一)地球上的水资源有限

当今世界面临着人口、资源与环境三大问题。水资源是各种资源中不可替代的一种重要资源。水资源与环境密切相关，也与人口间接有关，因此水资源问题已成为举世瞩目的重要问题之一。

地球表面有 70% 以上为水所覆盖，其余约占地球表面 30% 的陆地也有水的存在。地球总水量为 138.6×10^{16} m³，其中淡水储量为 3.5×10^{16} m³，占总储水量的 2.53%。

由于开发困难或受技术、经济的限制，到目前为止，海水、深层地下水、冰雪固态淡水等还很少被直接利用。比较容易开发利用的与人类生活、生产关系最为密切的湖泊、河流和浅层地下淡水资源，只占淡水总储量的 0.34%，为 104.6×10^{12} m³，还不到全球总水量的万分之一。

通常所说的水资源主要指这部分可供使用的、逐年可以恢复更新的淡水资源。可见地球上的淡水资源并不丰富。

(二)世界各地区之间水资源量差异大

世界各地自然条件不同，降水和径流的相差也很大。年降水量以大洋洲(不包括澳大利亚)的诸岛最多；其次是南美洲，那里大部分地区位于赤道气候区内，水循环十分活跃，降水量和径流量均为全球平均值的两倍以上。

欧洲、亚洲和北美洲与世界平均水平相接近，而非洲大陆是世界上最为干燥的地区之一，虽然其降水量与世界平均值相接近，但由于沙漠面积大，蒸发强烈，径流深仅为 151mm。

相比之下大洋洲的澳大利亚最为干燥，其降水量为 761.5mm，径流深仅为 39mm，这是由于澳大利亚有 2/3 的地区为荒漠、半荒漠所致。

(三)世界用水需求增长与水危机

随着人类文明的进步与发展，水资源的需求量也在不断增加，特别是第二次世界大战以后，世界经济发展突飞猛进，用水量急剧增加。

1940—1990 年世界人口翻了一番多，总数从 23 亿人增加到 53 亿人。同期，人均用水量也翻了一番。人口和人均用水量的增长直接导致这半个世纪的全球总用水量增加了 4 倍。

由于淡水资源在地区分布上极不均匀，各国人口和经济的发展也很不平衡，用水

的迅速增长已使得世界上许多国家或地区出现了用水紧张的局面。

按照水文学家的估算，年人均拥有水量为 1000～2000 m³ 的国家可定为水紧张的国家。目前共有 2.32 亿人口所在的 26 个国家被列为缺水国家，其中不少国家人口增长率非常高，所以它们的水问题也日益加深。

还有一些水紧张国家及部分水资源总量比较丰富的国家，其水问题也在加剧。这主要表现为淡水在一年内或地区间的分配不均衡。其中一个最普遍的问题是地下水的使用超出了天然补给而造成地下水位下降。

如果地下水的抽取速度大于地下水的恢复再生速度，那么最终会出现因抽水设备及抽水耗能费用昂贵而无法抽取，或因地下水耗尽而无水可取。目前地下水过度开采的现象在中国、印度、墨西哥、泰国、美国西部、北非与中东等国家和地区的部分地方普遍存在。

地下水不能持续利用而引发人们最担心的问题之一，就是一些已储水几百年甚至几千年的蓄水层目前已很少得到补给。一些深蓄水层的水几乎是不可再生的，像从油井里抽取石油一样，取水越多，水源就越少。

1977 年在阿根廷召开的联合国水事大会就向全世界发出警告：水不久将成为严重的社会危机，是继石油危机之后的下一个危机。在以后召开的多次国际会议，如在爱尔兰都柏林和巴西里约热内卢召开的联合国水与环境大会等，都对许多国家所面临的水危机给予了极大的关注。

二、中国水资源状况

(一)中国水资源现状

根据全国第二次水资源综合规划的成果报告(水利部水利电力规划总院，2007 年)和 2016—2017 年中国水资源公报数据，我国水资源量总体状况如下。

(1)降水总量。我国多年平均(1956—2000 年，下同)年降水量为 649.9 mm，多年平均年降水总量为 61786 亿立方米(2016 年全国平均年降水量为 68672 亿立方米)。

在各水资源一级区中，东南诸河、珠江、西南诸河和长江区(含太湖流域)多年平均年降水量在 1000 mm 以上，其中东南诸河区最大，多年平均年降水量达 1787.4 mm；淮河区多年平均年降水量为 838.5 mm；黄河、松花江、海河和辽河区多年平均年降水量均在 550 mm 以下；西北诸河区降水最少，仅为 161.2 mm。

(2)地表水资源量。地表水资源量是指由当地降水形成的河流、湖泊和冰川等地表水体中可以逐年更新的动态水量。我国多年平均地表水资源量为 27375 亿立方米，折合径流深为 288.0 mm(2017 年全国地表水资源量为 27746 亿立方米)。

其中，山丘区多年平均地表水资源量占 92.7%，年径流深 371.4 mm；平原区占 7.3%，年径流深 74.7 mm。山丘区径流深为平原区的 5 倍。全国多年平均年径流系数(年径流深与年降水量的比值)为 0.44，南方地区多年平均年径流系数为 0.55，北方地区为 0.22。

(3)地下水资源量。地下水资源量是指某特定区域在一定时段内由于降水及其他补给源所形成的地下水量。我国全国矿化度≤2 g/L 地区的地下水多年平均资源量为8218.91 亿立方米(2017 年为 8310 亿立方米)。

其中,平原区地下水资源量为 1765.08 亿立方米,山丘区地下水资源量为 6771.53 亿立方米,平原区与山丘区之间的地下水资源重复计算量为 317.7 亿立方米。

(4)水资源总量。全国多年平均水资源总量为 28412 亿立方米(2008 年为 27434 亿立方米)。地下水与地表水资源不重复量为 1037 亿立方米,占地下水资源量的 12.6%,即地下水资源量的 87.4%与地表水重复。

其中,北方六区水资源总量为 5259 亿立方米,占全国的 18.5%;南方四区水资源总量为 23153 亿立方米,占全国的 81.5%。全国产水总量占降水总量的 46.0%,平均产水量每平方千米为 29.89 万立方米。

(二)中国水资源分区

中国水资源按河流水系划分成 10 个一级区:松花江区、辽河区、海河区、黄河区、淮河区、西北诸河区、长江区、珠江区、东南诸河区和西南诸河区。其中,前 6个区为北方六区,即通常所说的北方地区;后 4 个区为南方四区,即通常所说的南方地区。各水资源一级区包含的区域如下。

松花江区包括松花江流域以及黑龙江、乌苏里江、图们江、绥芬河等跨界河流中国境内部分;

辽河区包括辽河流域、辽宁沿海诸河以及鸭绿江中国境内部分;

海河区包括海河流域、滦河流域及冀东沿海地区;

黄河区和淮河区包括淮河流域及山东沿海诸河地区;

长江区包括太湖流域;

东南诸河区包括钱塘江、浙东诸河、浙南诸河、闽东诸河、闽江与闽南诸河及台澎金马诸河;

珠江区包括珠江流域、华南沿海诸河、海南岛及南海各岛诸河;

西南诸河区包括红河、澜沧江、怒江、伊洛瓦底江、雅鲁藏布江等跨界河流中国境内部分以及藏南、藏西诸河地区;

西北诸河区包括塔里木河等西北内陆河以及额尔齐斯河、伊犁河等跨界河流中国境内部分。

(三)中国水资源的主要特点

我国水资源具有以下特点。

(1)水资源总量大,但人均水资源总量水平较低。我国多年年均降水量和水资源总量仅次于巴西、俄罗斯和加拿大,居世界第四位。但由于人口众多,人均水资源占有量低。按照 2008 年人口计算,我国人均水资源占有量约为 2000 m³,不足世界平均水平的 1/3。我国一些流域,如海河、黄河和淮河流域,人均水资源占有量更低。

(2)水资源地区分布很不均匀,与人口、土地资源等的配置不相适应。我国水资源南多北少,相差悬殊。南方四区,平均年径流深均超过 500 mm;黄河、海河、辽河和黑龙江 4 个流域片平均年径流深仅为 100 mm 左右;内陆诸河平均年径流深更小,仅为

34.9mm。

从水资源总量产水模数看，南方4个流域片平均每平方千米为67.1万立方米，北方6个流域片平均每平方千米为8.68万立方米，南北方相差7.7倍。全国以东南诸河流域片平均平方千米年产水模数109.63万立方米为最大，内陆河流域片平均每平方千米年产水模数3.79万立方米为最小，前者为后者的29倍。

南方4个流域片，耕地占全国的36%，人口占全国的54.4%，拥有的水资源量却占全国的81%，特别是其中的西南诸河流域片，耕地只占全国的1.8%，人口只有全国的1.5%，而水资源量占全国的20.8%，人均占有水资源量为全国平均占有量的15倍。辽河、海河、黄河和淮河4个流域片，耕地为全国的45.2%，人口为全国的38.4%，而水资源量仅有全国的9.6%。

（3）水资源年际、年内变化大，水旱灾害频繁。我国大部分地区受季风影响，水资源的年际、年内变化大。我国南方地区最大年降水量与最小降水量的比值达2～4倍，北方地区达3～6倍；最大年径流量与最小年径流量的比值，南方为2～4倍，北方为3～8倍。

南方汛期降水量可占年降水量的60%～70%，北方汛期降水量可占年降水量的80%以上。大部分水资源量集中在汛期以洪水的形式出现，资源利用困难且易造成洪涝灾害。

此外，南方夏秋干旱，北方冬春干旱，降水量少，河道流量枯竭（北方有的河流断流），造成旱灾。如遇持续的干旱年份，地下水位大幅度下降，有的地区不仅农作物失收、工业限产，人畜饮水都成问题。

（4）雨热同期是我国水资源的突出优点。我国雨季大体上随热量的上升来临，这有利于农作物的生长。

▶ 第二节　土地资源状况

一、世界土地资源状况

根据统计，全球土地总面积为 $5.10 \times 10^8 \text{km}^2$。被冰川覆盖的南极大陆和高山的土地面积为 $1.48 \times 10^8 \text{km}^2$，无冰陆地面积为 $1.34 \times 10^8 \text{km}^2$。

1900年全世界人口为15亿人左右，平均每人占有的陆地面积约为150亩（1 hm² ＝ 15亩）；1975年世界人口增至约40亿人，平均每人占地55亩；1987年世界人口达50亿人，平均每人占地44亩，2006年世界人口增至约64亿人，平均每人占地34.4亩。

这个数字无论从任何意义上说都能满足人类需要。但是如果考虑土地质量属性就不是如此了。陆地总面积中有20%处于极地和高寒地区；20%处于干旱地区；20%处于山地陡坡；10%为缺乏土壤的露岩。以上四方面占陆地总面积的70%，属于不宜利用的区域，称为"限制性环境"，其余30%才属于"适居地"。

全世界的耕地面积仅占世界土地总面积的10.8%，即 $0.55 \times 10^8 \text{km}^2$，在各种土地中所占比例最小，除去林地、草场，纯耕地面积就更少了。

二、中国土地资源状况

（一）中国土地资源利用现状

根据 2008 全国土地利用变更调查结果，全国耕地面积为 18.25746 亿亩，园地 1.77 亿亩，林地 35.41 亿亩，牧草地 39.27 亿亩，其他农用地 3.82 亿亩，居民点及独立工矿用地 4.04 亿亩，交通运输用地 0.37 亿亩，水利设施用地 0.55 亿亩，其余为未利用地。

与 2007 相比，全国耕地面积净减少约 29 万亩，园地和交通运输用地基本保持不变，林地和牧草地减少约 100 万亩，居民点及独立工矿用地增加约 400 万亩，水利设施用地增加约 100 万亩。

2008 耕地面积变化情况为：建设占用地 287.4 万亩，比上年增长 4.97 万亩，增长约 1.8%；灾毁耕地 37.2 万亩，比上年增长 10.32 万亩，增长约 28%；生态退耕 11.4 万亩，比上年减少 26.77 万亩，减少约 70.1%；因农业结构调整减少耕地 37.4 万亩。以上四项共减少耕地 373.4 万亩，同期土地整理复垦开发补充耕地 344.4 万亩，因此全国共减少净耕地约 29 万亩。

我国耕地占补平衡制度逐步完善，表现在：24 个省（自治区、直辖市）以不同形式建立省级耕地占补平衡目标责任制；26 个省（自治区、直辖市）实行补充耕地与土地开发整理项目挂钩制度；27 个省（自治区、直辖市）建立耕地储备库；21 个省（自治区、直辖市）建立耕地占补平衡统计台账；全国城市建设用地补充耕地基本实现"先补后占"，并逐步开展按建设用地项目考核耕地占补平衡工作。

例如，2008 年全国土地整理复垦开发补充耕地 344.4 万亩，补充的耕地比建设占用和灾毁耕地多 19.8 万亩。而从 1999 年至 2008 年，我国通过土地整治共补充耕地 4163 万亩，为坚守 18 亿亩耕地红线发挥了重要作用。

（二）中国土地利用变化总体情况

2007—2017 年，我国土地利用变化的总体情况如下。

（1）全国耕地面积由 19.14 亿亩减少到 18.26 亿亩，净减少耕地约 0.88 亿亩，同期人均耕地面积由 1.51 亩降为约 1.38 亩。可以看出，全国耕地的净减少面积在逐年下降，中国土地治理工作已取得一定成效。

（2）建设用地增加 3981.4 万亩，其中大部分新增建设用地来自于对耕地的占用。此外，城乡建设用地扩张的区域主要集中在东南沿海及内陆地势平坦地区，如黄淮海平原、长江三角洲、珠江三角洲和四川盆地等。

（3）土地整理复垦开发补充耕地增加 3328.6 万亩，有力地弥补了因城乡建设或灾毁耕地等造成的耕地损失。

（4）林地面积由 34.38 亿亩增加到 35.41 亿亩，增加 1.03 亿亩。总体表现为东北地区、四川盆地周边山地与贵州等天然林区边缘农林交错地带的各类林地减少，但全国大部分地区退耕还林面积增大。

(5)草地面积由 39.58 亿亩减少到 39.27 亿亩，减少 3100 万亩，减少部分主要开垦为耕地。内蒙古东部草原区、西北沙漠绿洲带以及华北、黄土高原农牧交错带等地区为草地显著减少区，南方减少的草地多为造林地，西南地区草地面积略有增加。

(三)中国土地利用变化具体情况

1. 全国土地利用变化情况

为查清我国土地类型、数量、质量、分布及利用状况，按国务院的统一部署，全国土地管理部门自 1984 年 5 月始，动员 200 多万人，耗资十几亿元，历时近 20 年，首次全面查清了全国土地资源的情况。调查工作以县为组织单位，并将调查成果统一到 1996 年 10 月 31 日的时点上。以后，中国几乎每年都会进行一次土地利用变更调查，并发布在相应年份的《国土资源公报》上。

第一次调查结果显示，截至 1996 年 10 月 31 日，我国有耕地 19.51 亿亩(13007.3 万公顷)，园地 1.50 亿亩(1000.1 万公顷)，林地 34.14 亿亩(22761.1 万公顷)，牧草地 39.91 亿亩(26608.0 万公顷)，居民点及工矿用地 3.61 亿亩(2406.8 万公顷)，交通用地 0.82 亿亩(546.7 万公顷)，其余为水域和未利用土地。

全国人均耕地 1.59 亩。有 666 个县人均耕地小于 0.8 亩，其中 463 个县人均耕地不足 0.5 亩。在有限的耕地中，有灌溉设施的保收田仅占耕地总量的 39.8%；坡度大于 25 度的耕地有 9100 万亩，约占全国耕地的 5%。耕地后备资源已严重不足：全国现有后备耕地资源 2 亿亩，按 60% 成垦率计，可开垦耕地 1.2 亿亩，人均不足 1 分地(1 分＝0.1 亩)。

根据 1999 年土地利用变更调查结果，全国耕地面积为 12920.5 万公顷，园地 1002.8 万公顷，林地 22826.9 万公顷，牧草地 26439.8 万公顷，居民点及独立工矿用地 3601.4 万公顷，交通运输用地 560.8 万公顷，水利设施用地 574.1 万公顷，其余为未利用地。

与 1996 年相比，耕地减少 0.67%，园地增加 0.27%，林地增加 0.29%，牧草地减少 0.63%，居民点及独立工矿用地增加 8%。

根据 2002 年土地利用变更调查结果，全国耕地面积为 12593 万公顷，园地 1079 万公顷，林地 23072 万公顷，牧草地 26352 万公顷，其他农用地 2565 万公顷，居民点及独立工矿用地 2510 万公顷，交通运输用地 208 万公顷，水利设施用地 355 万公顷，其余为未利用地。

与 2001 年相比，耕地减少 1.32%，林地增加 0.67%，牧草地减少 0.12%，居民点及独立工矿用地增加 1.30%。

2002 年建设用地净增加 40.9 万公顷，其中建设占用耕地 19.65 万公顷。生态退耕面积 142.55 万公顷。耕地调整为园地等农用地 34.90 万公顷，其中调整为园地 21.26 万公顷，调整为养殖水面 8.67 万公顷，调整为畜禽饲养和设施农业等农用地 4.97 万公顷。自然灾害毁坏耕地 5.64 万公顷。

2002 年土地整理复垦开发补充耕地 26.08 万公顷。其中整理 5.25 万公顷，复垦废弃地 3.51 万公顷，开发 17.32 万公顷。补充地比建设占用和灾毁的耕地多 0.79

万公顷。园地等农用地调为耕地 8.04 万公顷。31 个省(自治区、直辖市)继续实现耕地占补平衡。

全国土地利用变化情况显示,2002 年土地利用变化的最大特点是生态退耕速度明显加快,加上农业结构调整等原因,年度内净减少耕地 168.62 万公顷。

根据 2005 年土地利用变更调查结果,全国耕地 12208.27 万公顷,园地 1154.90 万公顷,林地 23574.11 万公顷,牧草地 26214.38 万公顷,其他农用地 2553.09 万公顷,居民点及独立工矿用地 2601.51 万公顷,交通运输用地 230.85 万公顷,水利设施用地 359.87 万公顷,其余为未利用地。

与 2004 年相比,耕地面积减少 0.30%,园地面积增加 2.31%,林地面积增加 0.30%,牧草地面积减少 0.21%,居民点及独立工矿用地面积增加 1.11%,交通运输用地面积增加 3.37%,水利设施用地面积增加 0.26%。

2005 年全国耕地净减少 36.16 万公顷,其中建设占用耕地 13.87 万公顷,另外,查出往年已经建设但未变更上报的建设占用耕地面积 7.34 万公顷,灾毁耕地 5.35 万公顷,生态退耕 39.04 万公顷,因农业结构调整减少耕地 1.23 万公顷,土地整理复垦开发补充耕地 30.67 万公顷。土地整理复垦开发补充耕地面积为建设占用耕地的 144.56%。

2005 年全年新增建设用地 43.2 万公顷。其中,新增独立工矿(包括各类开发区、园区)建设用地 15.11 万公顷,新增城镇建设用地 9.82 万公顷,新增村庄建设用地 6.66 万公顷,新增交通、水利等基础设施建设用地 10.76 万公顷。

根据《2009 中国土地资源公报》,2009 年全国农村土地整治新增农用地 30.5 万公顷,新增耕地 26.9 万公顷,批准建设用地 57.6 万公顷,比上年增长 44.6%。

国土资源部的有关专家认为,由于我国国民经济持续较快发展,工业化、城镇化、市场化步伐加快,国土资源管理系统应积极参与宏观调控,严把土地闸门,有力地支持经济社会快速发展和生态环境建设,遏制乱占滥用耕地的势头。总的来看,这一时期我国土地利用变化有三个主要特点:

(1)由于工业化、城市化加快,投资规模逐年加大,各项建设用地需求量大,建设占用相当数量的耕地;

(2)生态退耕和灾毁耕地数量大;

(3)土地整理复垦开发补充耕地面积大,有力地弥补了因建设用地和灾毁耕地等造成的耕地损失。

2. 省级土地利用变化情况

按照东南沿海、环渤海、东北、中部五省、黄土高原、西北和青藏高原等地区,分述如下。

(1)东南沿海区。本区包括上海市、江苏省、浙江省、福建省、广东省和海南省,是我国经济发达地区。全区土地面积 55.94 万公顷,占全国土地面积的 5.9%,人口密度大,人均耕地少(仅及全国平均水平的 1/2)。

本区土地开发程度较高,已利用土地面积比例达 96.1%,建设用地比例达 11.2%,居全国之首;土地利用经济效益高,平均每公顷产值达 5.06 万元,居全国之

首。本区具有地理位置优势，土地质量及开发条件好。

本区土地资源可持续利用存在的主要问题是：①人多地少，特别是人均耕地少，制约着社会经济的可持续发展；②各业用地矛盾突出，土地利用竞争激烈；③可供开发利用的宜农后备土地资源有限；④环境污染日益严重。

本区土地资源可持续利用的对策和措施是：①严格控制建设用地，切实保护耕地，确保耕地总量不再减少，而且力争有所增加；②积极开发有限的宜农后备土地资源，特别是滩涂资源，加大土地整理力度，提高土地的有效供给量；③保护生态环境，防止污染。

(2)环渤海区。本区包括北京市、天津市、河北省、山东省和辽宁省，既是我国老工业中心之一，又是迅速崛起的地区。本区土地面积为 52.19 万公顷，占全国土地面积的 5.5%，是我国人口密度较大的地区之一；人均耕地 1.47 亩，略低于全国人均水平；土地开发程度较高，已利用土地面积比例为 86.4%；土地利用经济效益也较高，平均每公顷产值达 2.07 万元。

本区具有地理位置优势，重工业发达，是我国的老工业基地；农业发达，是我国重要的产粮区。此外，本区有一定数量的宜农后备土地资源，特别是沿海滩涂开发潜力较大。

本区土地资源可持续利用的主要问题是：①耕地流失快，本区城镇、交通发展很快，占地剧增，耕地形势不容乐观；②水资源紧张，由于辽河、黄河、淮河等来水急剧减少，而城市用水剧增，导致农业水源较少；③生态环境恶化，由于重工业的发展，粉尘、大气污染及固体废弃物大量排放，导致空气、水、土地等污染严重，森林植被受到不同程度的破坏，土地退化也有所扩大。

本区土地资源可持续利用的对策和措施是：①切实保护耕地，保证耕地不再减少。②开发节水技术，推广农业节水灌溉，节约水资源。③合理安排各业用地，缓解各业用地矛盾；加强环境保护，特别注意防治大气水体污染。④加快京津周围及本区的三北防护林建设和沿海防护林建设，从而加快治理水土流失，控制土地退化。

(3)东北区。本区包括黑龙江省、吉林省和内蒙古自治区的呼伦贝尔盟、兴安盟、哲里木盟和赤峰市，是我国中等发达地区，资源丰富，发展潜力大。全区土地总面积为 104.76 万平方千米，约占全国总面积 11%；全区人均耕地 4.35 亩，是全国人均耕地最多的地区；已利用土地面积比例为 88.5%，土地利用程度较高；土地平均产值为 0.22 万元/公顷，土地利用经济效益偏低。

本区是我国主要的粮食产区，而且耕地后备资源较多。此外，本区既是我国老工业基地，又是我国通向俄罗斯、蒙古国的边疆地区，因此经济发展潜力大。

本区土地资源持续利用的主要问题是：①资源利用效益不高；②森林、草原植被破坏，退化严重，特别是内蒙古草原退化严重；③草原、湿地等生态系统不平衡。

本区土地资源可持续利用的对策和措施是：①积极稳妥地开发荒地资源；②对内蒙古东部、吉林西部的草地资源要严格加以防护，防止在开发资源的同时破坏生态环境；③努力保护和增加以树林为主的植被，积极营造三北防护林工程，保护本区和相邻地区的生态环境；④节约用水，保护水源，增加水资源的有效供给量；⑤防治工业城市对周围环境的污染。

（4）中部五省区。本区包括河南省、湖北省、湖南省、安徽省和江西省，是我国中等发达地区，发展潜力较大。全区土地总面积为 87.03 万公顷，占全国总面积的 9.1%；人口 31600 万人，占全国总人口的 25.8%，是全国人口最多的地区；全区人均耕地 1.23 亩，低于全国平均水平；已利用土地面积比例为 89.6%，土地利用程度较高；土地平均产值为 1.42 万元/公顷。

本区是我国重点发展地区之一，国家重点建设项目较多，但本区土地资源已相当紧张，人地矛盾不断加剧。

本区土地资源可持续利用的主要问题是：①耕地减少趋势加快，随着中西部开发，特别是铁路、水利工程等大型项目的上马，本区耕地紧张的形势更加严峻；②农用地后备资源不足，本区是我国农业开发历史悠久的地区之一，土地开发利用程度高，可持续开发的宜农后备土地资源不多；③人口增长快，人口与资源、环境的矛盾加剧；④土地利用经济效益有待提高。

本区土地资源可持续利用的对策和措施是：①严格保护耕地，抑制耕地锐减的势头，特别是黄淮平原、长江流域的良田，更要严格加以保护；②加强土地整理，增加有效耕地面积，确保耕地总量动态平衡；③严格控制人口增长，努力提高土地利用经济效益，促进经济发展。

（5）西南区。本区包括四川省、贵州省、云南省、重庆市和广西壮族自治区。本区资源丰富，人口众多，但由于地形等自然条件的限制，是我国欠发达的地区之一。全区土地总面积为 136.32 万公顷，占全国总面积的 14.3%。

本区土地资源可持续利用的主要问题是：①土地利用效益差；②资源开发程度低；③喀斯特地区自然环境恶化；④长江上游植被破坏严重。

本区土地资源可持续利用的对策和措施是：①提高土地利用率和土地产出率，逐步摆脱贫困落后面貌；②在保护生态环境前提下，积极稳妥地开发宜农后备土地资源和其他自然资源；③对于 25 度以上的坡耕地要有计划、有步骤地退耕还林还草，防止水土流失；④积极营造长江上游防护林，恢复植被，保持水土；⑤适当增加交通等建设用地，特别是建设好西南出海口通道，使优势资源得以发挥，改善生产生活环境；⑥积极推进城镇化进程。

（6）黄土高原区，包括山西、陕西、宁夏三省（自治区）和甘肃省陇东南 9 个地、市、州。全区总面积 58.84 万公顷，占全国土地总面积的 6.2%。

本区是我国生态环境最脆弱的地区，突出的表现是水土流失大。此外，本区以山地、高原为主，气候干旱少雨，土地荒漠化严重。本区的优势是煤炭、天然气资源十分丰富。

本区土地资源可持续利用的主要问题是：①土地生态环境十分脆弱，水土流失严重，荒漠化加剧；②开采矿产资源损毁土地严重；③水资源较缺乏，对农业土地利用十分不利；④交通条件差，土地开发难度大。

本区土地资源可持续利用的对策和措施是：①大力加强水土保持工作，积极植树种草，修筑梯田；②加大土地复垦投资，积极复垦损毁土地；③因地制宜安排农村牧用地，加强耕地保护和基本农田建设，提高水资源利用率；④发展交通运输，改善交通条件。

(7)西北区，包括新疆维吾尔自治区、内蒙古自治区中西部和甘肃省陇西5个地市。本区土地总面积为264.05万公顷，占全国总面积的27.8％，是我国人少地多的地区；本区人口密度最低，为2人/公顷；全区人均耕地达3亩，仅次于东北地区；已利用土地面积比例仅为53.5％；本区土地利用经济效益很低，平均产值仅900元/公顷。总之，本区经济落后，未利用土地资源丰富。

本区土地资源可持续利用的对策和措施是：①保护水资源，积极开发节水技术；②加强植被建设，治理退化土地；③积极开发石油、煤等资源，增强经济实力。

(8)青藏高原区，包括青海和西藏两个省(自治区)。本区海拔4500～5500 m，是世界上最高的高原区；面积有191.96万公顷，占全国土地总面积的20.2％。本区属高寒气候，光照充足，但热量不足，人口稀少，交通不发达，土地开发程度低，农业经营粗放。

本区土地资源可持续利用的主要问题是：①经济不发达，自然条件恶劣，土地开发利用困难；②自然灾害频繁，特别是风雪灾害，对人畜危害很大。

本区土地资源可持续利用的对策和措施是：①积极开发自然资源，增强经济发展实力；②防治自然灾害，提高抗灾能力。

▶ 第三节　能源资源状况

一、世界能源资源状况

(一)世界能源资源现状

根据英国石油公司BP的资料，截至2008年年底，世界石油资源探明储量约为1708亿吨，其中中东地区的储量约为1024亿吨，占世界总量比例的59.9％；排名第二的为欧洲(主要是俄罗斯)，储量约为192亿吨；第三为中南美地区，储量约为176亿吨；非洲约为166亿吨；北美地区约为97亿吨；亚太地区最少，约为56亿吨。

世界天然气探明储量约为185.02万亿立方米，主要集中在中东和欧洲地区(主要为俄罗斯)，其中，中东约为75.91万亿立方米，俄罗斯约为43.30万亿立方米。

世界煤炭探明可采储量约为8260亿吨，主要集中在美国、俄罗斯、中国、澳大利亚和印度，其中美国约为2283亿吨，占世界总量比例的28.9％；俄罗斯次之，约为1570亿吨；中国排第三，约为1145亿吨。

按照目前的开采速度，现有石油储量可开采46年，天然气储量可开采63年，煤炭储量可开采119年。

由于煤炭、石油、天然气等化石能源的可耗竭性以及燃烧所带来的环境污染和温室气体等负面效应，世界各国都在发展清洁的可再生能源。近年来除了水电外，风能和太阳能也得到了开发和利用。

(二)世界能源消费持续增长

世界能源消费以石油、煤炭、天然气、核能和水电为主。从 1970 年开始，世界经济和能源消费都保持了持续增长的态势，全球国内生产总值和能源消费量年均分别增长 3.0%和 2.1%。

美国是世界上最大的能源消费国，在 2008 年，其能源消费量约为 22.99 亿吨石油当量，占世界消费总量比例的 20.4%；中国次之，约为 20.02 亿吨石油当量，占世界消费总量比例的 19.5%。

2008 年，全球能源消费相比上年的增幅为 1.4%，是 2001 年以来增长最为缓慢的一年。其中，全球天然气消费量增长 2.5%，煤炭消费量增长 3.1%，水电发电量增加 2.8%，而石油消费量减少 0.6%，核电发电量减少 0.7%。

可再生能源继续保持强劲的增长势头。2008 年，全球各地的风能和太阳能装机容量分别增加 29.9%和 69%，均高于过去 10 年的平均水平。其中，美国的风能发电能力增加 49.5%，超过德国升至全球首位。

(三)世界能源消费结构现状

不同国家由于资源储量、经济发展以及能源战略的差异，其能源消费结构也存在较大差异。中国、印度等人均石油资源匮乏的国家仍然是以煤炭为主导能源；加拿大、巴西等国家水资源丰富，所以水电占了较大比重；法国、美国和俄罗斯等国家的核电事业相当发达。

此外，由于化石能源的不可再生性和所带来的环境污染问题，各国都在发展可再生能源，石油价格上涨将会加速这一进程。

2005 年，旨在限制全球温室气体排放量的《京都协议书》生效，标志着国际环境合作取得了重大进展，国际社会进入了一个实质性减排温室气体的阶段。这说明在能源的使用上，国际社会正在以改善环境、优化能源消费结构和实现可持续发展为目标。

2008 年全球能源消费中石油所占比例为 34.8%，比 2005 年的 36.4%下降了 1.6 个百分点；天然气占 24.1%，比 2005 年的 23.5%上升了 0.6 个百分点；煤炭占 29.2%，比 2005 年的 27.8%上升了 1.4 个百分点；核能占 5.5%；水能占 6.4%。

大多数发达国家的石油消费占本国能源消费的比例都超过世界平均水平(34.8%)，例如 2008 年意大利为 45.8%，韩国为 43.0%，美国为 38.5%，英国为 37.1%，日本为 43.7%。尽管中国石油消费量排全球第二(美国第一)，但其仅占中国能源消费比例的 18.8%，比世界平均水平低 16 个百分点。

俄罗斯是天然气生产大国，成为唯一能源消费中天然气所占比例超过 50%的国家；美国虽然是天然气消费第一大国，但其消费量仅占本国能源消费量的 26.1%，接近全球平均水平；中国天然气消费量比例仅为 3.6%。

发达国家能源消费比例中煤炭都低于世界平均水平，其中法国仅为 5%。中国不仅是全球煤炭消费冠军，而且 2008 年煤炭在能源消费中的比例为 70.2%，超过世界平均

水平 41 个百分点，超过印度 16.9 个百分点。

核能消费比例超过 10% 的国家有法国（38.6%）、韩国（14.2%）、日本（11.2%）以及德国（10.8%）等。美国虽然是核能消费量第一大国，但仅占其能源消费比例的 8.3%；中国核能消费量为印度的 4 倍，但仅占能源消费的 0.8%，远远低于全球的平均水平。

巴西水利发电量占其能源消费比例的 36.1%，居世界第一；加拿大为 25.3%，居世界第二；中国虽然是水利发电量最高的国家，但其只占能源消费比例的 6.6%，接近世界平均水平。

总之，就当前世界而言，石油在能源消费结构中占第一位，但所占比例正在缓慢下降；煤炭占第二位，其所占比例也在下降；目前天然气占第三位，所占比例正持续上升，前景良好。

二、中国能源资源状况

（一）中国能源资源现状

中国能源资源总量十分丰富，位居世界前列，资源品种也较齐全。

根据 2009 年的数据，我国煤炭总储量约为 5.1 万亿吨，探明地质储量约为 1 万亿吨，剩余经济可采储量（指已探明的在现有技术下可开采的储量，不包括已开采的部分）约为 1145 亿吨，居世界第三位；石油剩余经济可采储量约为 20 亿吨；天然气剩余经济可采储量约为 1.12 万亿立方米；煤层气总储量约为 35 万亿立方米，相当于 450 亿吨标准煤，排世界第三位，但尚未成规模开发利用。

虽然我国能源资源总量十分丰富，但常规能源资源并不丰富。目前，已探明的煤炭剩余经济可采储量占世界的 13.9%，石油占 1.1%，天然气占 0.6%。由于我国人口众多（占世界总人口的 20%），因此人均能源资源占有量很小，不到世界平均水平的一半，其中石油仅为世界平均水平的 10%。因此，我们应建立正确的"资源意识"，提高资源危机的"忧患意识"。

2009 年我国能源生产量为：原煤 29.6 亿吨，比上年增长 12.7%；原油 1.89 亿吨，比上年下降 0.4%；天然气 830 亿立方米，比上年增长 7.7%。另外，2009 年全年发电量为 36506 亿度，比上年增加了 3.3%。

2009 年我国能源消费总量为 31 亿吨标准煤，比上年增长 6.3%。其中，煤炭消费量 30.2 亿吨，比上年增长 6.3；原油消费量 3.8 亿吨，比上年增长 7.1%；天然气消费量 887 亿立方米，比上年增长 9.1%；电力消费量 36973 亿度，比上年增长 6.2%。全年平均每万元 GDP 能耗 1.077 吨标准煤，比上年降低 3.61%。

在我国一次能源消费结构中，煤炭占 70.6%，石油占 18.6%，天然气占 3.7%，水电占 6.4%。

以上表明，我国已成为世界第二大能源消费国和能源生产国，除了石油以外，能源消费仍主要立足于本国解决。但人均常规能源资源相对不足，是我国经济、社会可持续发展的一个限制因素，尤其是石油和天然气。

(二)中国能源资源的主要特点

1. 能源储量丰富，但探明程度和储采比水平低

我国常规能源石油、天然气、煤炭总储量相当丰富，但探明储量，尤其是剩余经济可采储量低。

2000 年年底石油资源评价数据显示，我国总计拥有石油资源 1021 亿吨，占世界的 2%。截至 2009 年年底，全国累计探明石油地质储量 304 亿吨(近几年年均探明约 10 亿吨)，资源探明率为 29.8%；累计探明经济可采储量约 76.8 亿吨(近几年年均探明约 1.7 亿吨)，占探明地质储量的 25.3%。

根据 2000 年的统计，我国总计拥有天然气资源约 38 万亿立方米，占世界的总储量的 0.5%。截至 2009 年年底，全国累计探明天然气地质储量约 8.8 万亿立方米，探明率仅为 23.2%；累计探明经济可采储量约 4.7 万亿立方米；剩余经济可采储量约 2.5 万亿立方米，储采比为 30 年，低于世界天然气 63 年的储采比水平。

与石油、天然气相比，中国的煤炭资源状况要好得多。根据 2000 年的数据，我国煤炭资源总量约占世界的 3.9%，与美国、俄罗斯一道成为世界第三大煤炭资源大国。按照目前的探明储量和开采速度，我国煤炭还可开采 100 年左右。

2. 能源分布不均，人均能源占有量远低于世界平均水平

如前所述，我国能源资源总量丰富，但因人口众多，人均各种资源的占有率都远远低于世界平均水平。其次，我国能源分布广泛，但极不均衡。华北、西南及西北地区是我国煤炭、水力、石油和天然气储量丰富的区域，人均能源丰度较高，东北地区石油及天然气的储量也很丰富，但其他地区能源较少。

例如，在已探明的煤炭储量中，80.2% 集中在华北和西北，而且以燃料煤为主，其中山西、内蒙古和陕西分别占 28.2%、23% 和 18%，加上贵州、新疆、宁夏和安徽，这 4 个省和 3 个自治区的煤炭储量占全国的 85.2%。

东北和中南的煤炭储量分别只占 3.1% 和 3.7%，华东也只占 6.5%。如果以京广铁路为东西分界线，东边储量占 15%，西边储量占 85%。若以秦岭—大别山划分南北，北部储量占 94%，南部仅占 6%。

由于煤炭资源分布偏西北部，而经济发展重心偏东南部，因此造成西煤东调、北煤南运的格局。要把新疆、陕西、宁夏、山西、河北和内蒙古等省(自治区)的煤炭运输到东南，最长运输距离达 3000 km。全国煤炭大"旅游"，给运输系统造成了很大的压力。

同样，西北石油、天然气储量丰富，造成西气东输的局面；西南地区水电资源极为丰富，造成西电东输的局面。

3. 能源结构不佳，能源利用率低下

我国 2008 年能源生产总量为 20.59 亿吨标准煤，其中，煤炭占 76.7%，石油占 10.4%，天然气占 3.9%，水电、核能、风电等占 9%。从能源生产和消费结构来看，我国能源工业已经形成了以煤炭为主、多能互补的能源生产体系，支撑了国家经济，保证了其稳定的增长速度。

煤炭仍然是我国的主要能源，但能源利用率较低，尤其是民用煤的利用率只相当于发达国家的1/4。此外，由于我国煤炭的灰分和硫分较高，原煤入洗率较低，大部分原煤未经洗选就直接燃烧，造成了大气污染。因此，我们肩负着严峻的环境保护和治理的任务。我国能源生产和使用面临经济发展需求和环境质量改善的双重压力，能源短缺和浪费同时存在。

我国能源政策实施的重点是改善能源生产结构，增加清洁能源比重。特别是提高煤炭转换成电能的比重；加快水电和核电的建设，因地制宜地开发和推广太阳能、风能、地热能、潮汐能和生物质能等清洁能源；加强对煤的综合利用，通过改进燃烧技术来提高煤的利用率；大力提倡节约能源。

4. 电能短缺，电能地位日益提升

电能是优质、清洁、高效、方便、无二次污染的一次能源。电能也可根据需要转换成机械能、热能、光能等其他形式的能量。因而电能在现代社会生产和生活中获得最普遍和广泛的应用。

我国是发展中国家，经济要长期、持续和快速发展，在很大程度上依靠电力工业的发展。充足的电力供应是经济发展的前提，但我国多年来的突出问题是缺电。工业因缺电开工不足，城市居民区经常拉闸停电，农村缺电尤为突出。

电能供应不足成为我国经济发展的一个突出的制约因素，因此，我国一直将电力工业放到优先发展的重要位置上。一般说来，电力的增长速度总是高于一次能源和经济增长的速度。我国一次能源转换成电能的比例不断提高，表明电能在我国的地位得到日益提高。

5. 从石油输出国变成石油进口国，"能源自给政策"急需调整

长期以来，我国的经济结构和社会生活是建立在国产能源基础上的。能源进出口量占消费量的比重很小，即使在20世纪50年代依靠进口石油的时期，能源自给率仍达到97%。这种能源自给政策是保证我国经济高速增长的一个重要因素。

20世纪70年代以来，随着能源生产的增长以及出于保持外贸平衡的考虑，我国逐步扩大煤炭和石油的出口。但20世纪90年代以来，随着我国经济改革和发展，我国原有的经济结构和社会生活发生了深刻的变化，能源进出口状况也发生了很大的改变。

从1993年起，我国从单一的石油及其制品输出国改变成石油制品进口国，开始进口石油制品；从1996年起，从单一的石油出口国变成了石油纯进口国。据海关部门统计，到2003年，我国年石油（原油加成品油）进口量为突破1亿吨，达到1.19亿吨，约占我国石油总消费量的44%；到2007年，年石油进口量逼近2亿吨，达到1.97亿吨，约占我国石油总消费量的53%。

2009年，我国包括原油、成品油、液化石油气和其他石油产品在内的石油净进口量同比增长8.8%，达到2.18亿吨，约占我国石油总消费量的56%；原油进口量首次突破2亿吨，达到2.04亿吨，比上年增长13.9%。我国已成为世界上仅次于美国的第二大石油进口国和消费国。

可以看到，近几年我国石油对外依存度都超过了50%。未来我国能源产量的增加，仍将是主要满足国内的需求。

6. 建成相当规模的能源工业体系

经过半个多世纪的努力，我国已建成了门类比较齐全，布局有所改善，并具有相当规模的能源工业体系。

就门类而言，我国能源工业体系包括煤炭工业、石油工业、天然气工业和电力工业。电力工业包括火电工业和水电工业。

就煤炭和石油工业规模而言，均建成了多个年产千万吨级和数百万吨级的大中型煤矿和油田，为发展我国经济和提高人民物质生活发挥了积极的作用。

就布局而言，由于我国能源分布在地理位置上差异很大，因此在能源规划开发中应力求扬长避短减少差异，使布局有所改善。

总之，我国的能源工业体系，集勘探、开采、安装、生产、加工、科研、设计和教育于一体，并已走向世界。

（三）中国能源开发利用状况

改革开放以来，中国能源工业的发展取得了举世瞩目的成就，表现如下。

（1）能源供给能力逐步增强。2009 年，中国一次能源生产总量达到 27.5 亿吨标准煤，是新中国成立初期的 115 倍，改革开放初期 4.38 倍。

其中，煤炭产量达到 29.6 亿吨，已多年位居世界第一，是改革开放初期的 4.9 倍；原油产量达到 1.89 亿吨，居世界第五位，是改革开放初期的 1.8 倍；天然气产量 830 亿立方米，居世界第九位；电力发电装机 8.74 亿千瓦，年发电量达到 36506 亿度，均居世界第一位。

可再生能源近年来发展迅速。目前，水电的装机容量达到 19679 万千瓦，核电装机容量近 1000 万千瓦，风电并网总容量 1613 万千瓦，各项数据均居世界前列；太阳能热水器总集热面积超过 8000 万平方米，居世界第一位；年产沼气约 80 亿立方米，拥有户用沼气池 1700 多万口。

（2）能源消费结构有所优化。新中国成立初期，中国煤炭消费量占一次能源消费总量的 96.4%，中国经济是不折不扣的"煤炭经济"。与 1952 年相比，2009 年中国的能源消费总量中，煤炭比重从 95% 下降到 68.7%，石油由 3.37% 提高到 18%，天然气由 0.2% 提高到 3.4%，水能、核电和风电由 1.61% 提高到 9.9%。

（3）能源技术进步不断加快。经过半个多世纪的努力，石油天然气工业从勘探开发、工程设计、施工建设到生产加工，已形成了比较完整的技术体系，其中复杂断块勘探开发、提高油田采收率等技术达到国际领先水平。

煤炭工业已具备设计、建设、装备及管理千万吨级露天煤矿和大中型矿区的能力；综合机械化采煤等现代化成套设备被广泛使用，国有重点煤矿采煤机械化程度 1990 年为 65%，目前已超过 80%。

（4）节能环保取得进展。单位 GDP 能耗总体下降。按不变价格计算，2009 年万元 GDP 能耗为 1.077 吨标准煤，改革开放以来，累计节约和少用能源超过 10 亿吨标准煤，以能源消费翻一番支持了 GDP 翻两番。此外，主要用能产品单位能耗逐步降低，

能源效率有所提高，目前达到 33%。

能源领域污染治理得到加强。新建火电厂配套建设了脱硫装置，已有火电厂则加大了脱硫改造力度。此外，电厂水资源循环利用率正逐步提高。

(5)体制改革稳步推进。电力体制改革取得重要突破，2002 年出台了电力体制改革方案，确定了改革的总体目标，目前已实现了政企分开、厂网分开；煤炭生产和销售已基本实现市场化；中石油、中石化、中海油等大型国有石油企业基本实现了上下游、内外贸一体化。

(6)能源立法明显加强。近年来，相继出台了《中华人民共和国电力法》《中华人民共和国煤炭法》《中华人民共和国节约能源法》和《中华人民共和国可再生能源法》，制定和完善了《电力监管条例》《煤矿安全监察条例》《石油天然气管道保护条例》等一系列法规。

(四)中国能源开发利用存在的问题

中国能源开发利用还存在以下问题。

(1)能源以煤炭为主，可再生资源开发利用程度很低。中国探明的煤炭资源占煤炭、石油、天然气、水能和核能等一次能源总量的 90% 以上，煤炭在中国能源生产与消费中占支配地位。

20 世纪 60 年代以前中国煤炭的生产与消费占能源总量的 90% 以上，20 世纪 70 年代占 80% 以上，20 世纪 80 年代以来煤炭在能源生产与消费中的比例占 75% 左右。虽然其他种类的能源增长速度较快，但仍处于附属地位。在世界能源由煤炭为主向油气为主的结构转变过程中，中国仍是世界上极少数几个能源以煤为主的国家之一。

(2)能源消费总量不断增长，能源利用效率较低。随着经济规模的不断扩大，中国的能源消费呈持续上升趋势。1957—1989 年，中国能源消费总量从 9644 万吨标准煤增加到 96934 万吨，增加了 9 倍。1989—1999 年，中国能源消费从 96394 万吨标准煤增加到 122000 万吨，增长了 26%。1999—2009 年，中国能源消费从 122000 万吨标准煤增加到 310000 万吨。

受资金、技术、能源价格等因素的影响，中国能源利用效率比发达国家低很多。目前，能源综合利用效率为 33%，相当于发达国家 20 年前的水平，相差 10 个百分点。

(3)能源消费以国内供应为主，环境污染状况加剧，优质能源供应不足。中国经济发展主要建立在国产能源生产与供应基础之上，能源技术装备也主要依靠国内供应。随着能源消费量的持续上升，以煤炭为主的能源结构造成城市大气污染，过度消耗生物质能引起生态破坏，生态环境压力越来越大。

世界银行认为，中国空气和水污染所造成的经济损失大体占国内生产总值的 3% ~ 8%。中国有的学者甚至认为中国环境破坏经济损失占到国民生产总值的 10%。

人类的发展依赖于能源，但是伴随着能源的勘查、开发、生产与消耗，会产生各类环境、经济和社会问题。探讨一条既保证能源供应以支撑经济发展，又保证能源生产和消费中产生的环境、经济和社会影响不突破底线，甚至对环境、经济社会作出积极贡献的能源道路，是全世界共同面临的课题。

因此，对于我国能源及能源行业来说，其可持续发展的目标不仅体现在能源为经济和社会的发展以及人民生活水平的提高提供必要的保障，同时还应保障环境的可持续发展。

▶ 第四节　矿产资源状况

一、世界矿产资源状况

总体上，世界矿产资源丰富，对全球经济发展保障程度较高，但分布不均，导致不同国家供需形势各异。近几年来，世界经济复苏，特别是以中国为代表的发展中国家经济快速发展，能源与原材料需求强劲，导致矿产品供不应求，全球矿产资源市场供应出现了紧张局面。

(一)世界矿产资源的特点与分布特征

世界矿产资源丰富。迄今为止，已为人类发现和认识的矿物种已逾 4000 种；从经济和技术层面上形成具有开发利用价值的矿产资源有 200 余种。尽管与 20 世纪 80 年代相比，世界矿产的储量集中程度有所减弱，但分布仍然很不平衡，许多矿产的大部分探明储量仍集中在少数国家。

根据 1992 年对世界 40 种矿产储量分布的统计，石油 75％以上的储量集中在中东和北美地区，天然气 70％以上的储量集中在中东地区和前苏联国家，煤炭 53％的储量集中在美国、中国和俄罗斯三国。

此外还有 15 种矿产 75％以上的储量集中在 3 个国家；有 26 种矿产 75％以上的储量集中在 5 个国家；有 12 种矿产一半以上的储量集中在工业国家，其中金属和非金属矿又主要分布美国、加拿大、澳大利亚和南非；有 13 种矿产(石油、天然气、铝土矿、镍、钴、菱镁矿、锡、锑、锂、铌、钽、磷酸盐岩和石墨)一半以上的储量分布在发展中国家。

例如，铁矿主要分布在巴西(17.5％)、俄罗斯(16.8％)、加拿大(11.7％)、澳大利亚(11.5％)和乌克兰(9.8％)等国；铜矿主要分布在智利(27％)、美国(14％)和澳大利亚(7％)等国；铝土矿主要分布在几内亚(28％)、巴西(14％)、澳大利亚(12％)、牙买加(10％)等国；铅锌主要分布在美国、加拿大、澳大利亚、中国和哈萨克斯坦等国(合计约占铅储量的 70％和锌储量的 60％)；锡主要分布在南亚和东亚两大锡矿带(合计约占总储量的 60％)。

(二)全球矿产品供需形势趋紧，价格上涨

2002—2010 年，矿产品价格随世界经济的波动，出现了上涨—回落—回升的趋势，但总体上呈上涨局面。

2002 年至 2008 年 7 月，由于世界经济复苏并全面增长，固定资产投资增加，能源、原材料需求强劲增长，矿产品供不应求，加之美元继续疲软，使得以美元结算的大多数矿产品价格普遍攀升，许多矿产价格创多年来最高纪录。

例如，国际油价从 2002 年的每桶 20 美元开始起步，进入波浪状上升通道，特别是 2005 年以后，国际油价进入"超级飙涨"阶段，在 2008 年 7 月创下每桶 147 美元的最高纪录。

又如，铁矿石价格 2005 年较上年上涨 71.5%，2006 年上涨 19%，2007 年上涨 9.5%，2008 年更是创纪录地上涨 96.5%。

2008 年开始的世界性金融危机很快波及实体经济，导致能源和原材料行业，包括石油、钢铁和有色金属等行业相继进入萧条期。国际矿业从 2002 年以来的上升周期转入下降周期，除贵金属以外的能源和矿物产品纷纷出现需求不足，市场萧条，价格下降的局面。

进入 2010 年后，世界经济逐渐复苏，拉动了矿产资源的需求，主要矿产品价格开始回升。

(三)世界主要矿产资源供需前景良好，但制约因素仍在

总体上，全球主要矿产资源保证程度高，资源潜力很大，未来资源供应充足，能够满足世界经济发展的需求，但影响供需关系的不利因素较多。

1. 主要矿产资源保证程度不断提高

与 20 世纪 80 年代初相比，目前世界大多数矿产资源的需求保证程度有所提高。除煤、铁矿石、锰矿石、铬铁矿、锡、锑、钾盐、菱锡矿和金刚石等少数矿产外，世界所有主要矿产的静态储量基础寿命都有不同程度提高。

即使是静态保证程度有所下降的矿产，许多矿产的保证年限也在几十年到上百年，如煤 159 年、铁矿石 310 年、锰矿石 192 年、铬铁矿 111 年，钾盐 542 年，菱镁矿 248 年。因此，从长远看全球矿产资源不会短缺，而且保证程度还很高。

2. 矿产资源潜力仍然很大，可供能力增强

矿产资源潜力大，可供能力增强主要表现在以下几点。

(1)资源潜力大。根据地质对比，多数国家和地区都有产出大量矿产资源的地质条件，但除西欧和北美以外的世界所有地区(包括海洋)地质工作和矿产勘探程度仍然比较低，即使已探明有大量矿产资源的南非和澳大利亚，其矿产勘探程度仍然不高。世界大部分矿产的估计资源量通常是已探明的矿产储量的几倍甚至十几倍。

(2)资源勘探和开发活动活跃。近年来，世界范围内的资源勘探开发活动非常活跃，发现和探明矿产资源能力增强。

(3)资源勘探和开采技术增强。从矿业科技和社会发展看，低品位矿、难选冶矿和开发条件差的矿(包括海洋的)的开发和开采将增多，非传统和新类型的矿产资源的勘探和开发也将增多，从而使可利用矿产资源的来源进一步扩大。

3. 影响矿产资源供需平衡的因素仍会导致市场供应短缺

尽管世界矿资源供需总体基本平衡，但分布的不均匀性将会导致区域性能源、资源短缺。另外，世界经济发展的周期性，以及资源勘查与开发对经济发展趋势的滞后反应等因素也将导致矿产资源及其产能供应的周期性、结构性过剩与短缺。

二、中国矿产资源状况

1949 年以来，中国矿产勘查工作取得了辉煌的成就，为国家探明了大批矿产资源，基本保证了国民经济建设的需要。目前，中国已成为世界上矿产资源总量丰富、矿种比较齐全的少数几个资源大国之一。与此同时，中国矿产资源的开发利用也成绩斐然，成为世界矿业大国之一。

(一)中国矿产资源的基本状况

中国已探明的矿产资源种类比较齐全，资源总量比较丰富。截至 2005 年年底，我国已发现 171 种矿产，具有查明资源储量的矿产 159 种，其中能源矿产 10 种、金属矿产 54 种、非金属矿产 92 种、水气矿产 3 种；已发现矿床、矿点 20 多万处，其中已查明资源储量的矿产地 2 万多处。中国已查明的矿产资源总量大，约占世界的 12%，居世界第二位。

其中，煤、铁、铜、铝、铅和锌等支柱性矿产都有较多的查明资源储量；煤、稀土、钨、锡、钼、锑、钛、石膏、膨润土、芒硝、菱镁矿、重晶石、萤石、滑石和石墨等矿产资源在世界上具有明显优势，有较强的国际竞争能力；地热、矿泉水资源丰富，地下水质量总体较好。

人口多、矿产资源人均量低是中国的基本国情。中国人均矿产资源占有量在世界上处于较低水平，人均矿产资源占有量仅为世界平均水平的 58%，居世界 53 位。金刚石、铂、铬铁矿和钾盐等矿产资源供需缺口较大。

(二)中国矿产资源的基本特点

1. 优劣矿并存，贫矿资源比重大，难利用资源多

虽然中国能源资源丰富，但结构不良，已知优质能源少。根据 2005 年的数据，中国石油、天然气、煤炭这 3 种传统能源之间保有储量的相对比重为 1∶0.9∶40，传统化石燃料总储量的 95.4% 是煤炭，石油和天然气分别只占 2.5% 和 2.1%。同时，中国煤炭资源总体含硫量高，开发利用环保要求高。

此外，钨、锡、稀土、钼、锑、滑石、菱镁矿和石墨等矿产资源品质较高，而铁、锰、铝、铜与磷等矿产资源贫矿多，共生与伴生矿多，难选冶矿多。

2. 经济可利用的资源储量少，资源潜力大

查明资源储量中地质控制程度较低的部分所占的比重较大。已查明的资源储量结构中，资源量多，基础储量少；经济可利用性差或经济意义未确定的资源储量多，经济可利用的资源储量少；控制和推断的资源储量多，探明的资源储量少。在 45 种主要矿产中，除了石油、天然气和铀外的 42 种矿产，查明资源储量中属于可利用的经济基础储量平均占资源储量的 20.8%。

中国成矿条件较好，矿产勘查工作程度较低，通过勘查工作找到更多矿产资源的前景较好。目前，总体资源探明程度约为 1/3，能源矿产和重要金属矿产都有很大的资源潜力。例如，石油、天然气、金和铜等矿产资源的找矿潜力很大。老矿山深部、外围和西部地区是重要的矿产资源接替区。

3. 矿产资源地区分布不均衡，生产与消费不匹配

由于成矿地质条件不同，部分重要矿产分布集中。

例如，90%的煤炭查明资源储量集中于华北、西北和西南，这些地区的工业产值占全国工业产值不到30%，而东北、华东和中南地区的煤炭资源占全国的10%左右，其工业产值却占全国的70%之多；70%的磷矿查明资源储量集中于云、贵、川、鄂四省；铁矿主要集中在辽、冀、川、晋等省。北煤南运、西气东送、南磷北调等局面将长期存在。

(三) 我国矿产资源的开发利用状况

中华人民共和国成立70多年来，矿产资源开发利用取得巨大成绩。1949年以前，我国矿产采掘业和相关加工产业十分微弱，企业数量少，规模小，产量低，在有的领域甚至还是空白。新中国成立后，为满足国民经济发展的需要，我国矿产开发不断发展，规模不断扩大。一个个矿山、油田建设起来，一座座新兴矿业城镇拔地而起。

截至2005年年底，全国共有各类矿山企业14.5万个，其中大型矿山527座，中型矿山1354座，小型矿山和砂石黏土采场14万多处，从业人员930万人。2009年全国固体矿产采掘总量（原矿）产量80亿吨以上，原油产量1.89亿吨，天然气830亿 m^3，我国已成为世界上名副其实的矿业大国之一。

改革开放以来，我国矿业发展进一步加快，特别是近十几年，矿业产值年均增长18.9%。2008年我国矿业产值达33610亿元，占工业总产值的6.6%。石油天然气开采业和煤炭采选业占矿业产值的75.1%。

我国矿产资源开发利用具有以下几个特点。

1. 主要矿产品产量稳步上升，我国已成为世界矿业生产大国之一

1949年初期，我国的年矿石采掘量不到1亿吨；2009年我国年矿石总产量近80亿吨。单就固体矿产产值而言，我国已是世界上第二大矿产品生产国。除了前面介绍过的石油、煤炭和天然气外，其他主要矿产品的产量如下。

铁矿石产量从2001年的2.17亿吨增长到2009年的8.8亿吨，期间年均增长率超过20%，目前铁矿石产量居世界第一位。钢产量在1949年仅15.8万吨，1995年接近1亿吨，居世界第一，之后连续14年位居世界第一，2009年达到5.68亿吨，占全球总产量的46.6%。

十种有色金属（铜、铝、镍、铅、锌、钨、钼、锡、锑和汞）产量在1949年仅1.3万多吨，2002年达1021万吨，居世界第一，之后连续8年位居世界第2009年达2605万吨（该产量是1949年的1959倍）。

过去被称作"洋灰"的水泥，1949年产量仅66万吨，1985年达1.46亿吨，居世界第一，之后连续20多年位居世界第一，2009年产量达16.3亿吨，接近全球总产量的60%。

其他主要矿产品在2009年的产量如下：黄金产量为313.98吨，同比增长11.34%，连续三年保持世界第一；白银产量为11495.46吨，同比增长16.60%，连续三年保持世界第一；此外，中国的稀土和磷矿石产量也居世界第一，其中稀土产量占全球总产量的 97% 以上。

总之，伴随中国经济快速发展，主要矿产品，如煤、石油、天然气、钢铁、有色金属、磷矿石、水泥、金、银和铜等产量也在快速增长。但同时也必须看到，由于消费量增长太大，一些矿产品的供应缺口依然存在。

例如，为满足国内经济建设和出口需要，近年来我国钢铁产量呈加速增长的态势，导致国内铁矿石产量远不能满足需求。2009 年我国共进口铁矿石 6.28 亿吨，占实际消费量的 41.6%。被称为"全球吸铁石"的中国，是目前世界铁矿石市场的最大买主。

此外，我国国民经济对有色金属的需求呈快速增长态势，导致铜、铝、铅、锌、锡和镍等短缺矿产的供需缺口进一步加大。2009 年我国铜矿砂及精矿进口量为 614 万吨，铝矿砂及精矿进口量为 1980 万吨，镍矿砂及精矿进口量为 1657 万吨，铅精矿进口量为 161 万吨。

2. 中国已成为矿产品消费大国

随着中国经济的持续高速发展，国内矿产品的消费量也不断增加，特别是"十五"期间，中国重化工业重新发力，导致国内矿产品消费量大幅度上升。

目前中国矿产品消费总量居世界第二位，但人均矿产品消费量明显低于世界平均水平。我国消费量居世界前三位的矿产品有：石油、煤、铁矿石、锰矿石、铜、铅、锌、铝、钨、锡、钼、锑、钴、铂族、稀土、萤石、重晶石、硫、磷、钾盐、硼和水泥等。

3. 中国矿产品进出口贸易活跃

中国不仅是世界上重要的矿产品生产国，而且是重要的消费市场和贸易大国。近年来，中国的矿产品进出口贸易大幅度增长。

2008 年我国矿产品进出口贸易总额为 6587.91 亿美元，占全国进出口贸易总量的 25.7%，同比增长 33.3%，远高于全国商品进出口贸易 17.8% 的增幅。其中，出口贸易额为 2569.72 亿美元，占全国出口贸易总额的 18.0%，进口贸易额为 4018.19 亿美元，占全国进口贸易总额的 35.5%，分别同比增长 39% 和 35%。

4. 合作勘查开发利用国外资源取得一定成效

改革开放 40 多年来，我国综合国力和国际竞争力增强，特别是在党中央提出"走出去"战略后，我国企业合作勘查开发国外资源的步伐明显加快，取得了一定成绩。

其中，油气部门具备了到国外开发油气的基本能力，在国外实际投资项目比较多，也取得了初步成效。同时，由于做了充分的准备和注重总体的部署，合作潜力较大，具有一定的可持续性和国际竞争力。非油气矿产合作勘查开发虽已开始步入正轨，但缺少总体战略部署，到国外开发资源的能力比较弱，虽然洽谈项目比较多，但实际投资项目少，成效不太显著。

>>> 思考题

1. 中国水资源的主要特点有哪些？
2. 中国主要土地利用类型变化的基本特点有哪些？
3. 中国能源资源的主要特点有哪些？
4. 中国矿产资源的基本特点有哪些？

第四章　中国资源问题与危机

▶第一节　水资源问题与危机

我国水资源同时面临四大主要问题，即水多、水少、水脏和水浑。水多主要是指洪涝灾害；水少是指有些地区缺水问题非常突出；水脏是指水环境污染；水浑主要是指水土流失。这四大问题直接导致了我国水资源危机。

一、洪涝灾害频繁

近年来，受气候异常、环境脆弱等自然因素以及盲目围垦、乱砍滥伐等人为因素的影响，在降雨集中的夏季，我国每年都会出现不等程度的洪涝灾害，最为严重的当属 1998 年长江流域和松嫩流域的大洪水。

1998 年大洪水期间，全国共有 29 个省(自治区、直辖市)遭受了不同程度的洪涝灾害。据各省统计，农田受灾面积 2229 万公顷(3.34 亿亩)，成灾面积 1378 万公顷(2.07 亿亩)，死亡 4150 人，倒塌房屋 685 万间，直接经济损失达 2551 亿元。江西、湖南、湖北、黑龙江、内蒙古和吉林等省(自治区)受灾最重。

2010 年也是洪涝灾害频繁爆发的年份，截至 2010 年 7 月 20 日，洪涝已造成全国 27 个省(自治区、直辖市)农田受灾面积约 700 万公顷(1.05 亿亩)，受灾人口 1.13 亿人，因灾死亡 701 人，失踪 347 人，倒塌房屋 64.55 万间，直接经济损失约 1422 亿元。

我国洪涝灾害的时空特征表现在以下几点。

(一)灾害发生的频次高

由于特殊的地理位置、地形特征和气候系统，我国洪水发生频繁，加之巨大的人口压力以及洪水高风险区的高度开发利用，我国成为世界上洪涝灾害出现频次最高的国家之一。

(二)灾害损失大

自古至今，我国的洪涝灾害对经济社会的影响都十分突出。据统计，我国洪涝灾害造成的直接经济损失位居各种自然灾害之首。20 世纪 90 年代由于洪涝灾害造成的直接经济损失年均高达 1169 亿元，占全国各类自然灾害损失的 67%，约占同期 GDP 的 2.24%，远高于西方发达国家的水平。1950—2000 年全国因洪涝灾害累计受灾 47800 万公顷，倒塌房屋 1.1 亿间，死亡 26.3 万人。

近年来，由于经济社会的发展，人口、财产的增长和聚集，虽然洪涝灾害造成的死亡人口大大降低，但受灾面积和造成的经济损失反而上升。

(三)灾情多样

我国地域辽阔，自然环境差异大，具有产生多种类型洪水和严重洪涝灾害的自然条件和社会经济因素。例如 2010 年，全国各地暴雨、江河洪水、山洪、泥石流、滑坡和城市内涝等多种洪涝灾害频繁发生，部分城市遭遇强暴雨袭击，引发城市严重内涝，100 多个县级以上城市一度进水。

我国较大的洪涝灾害主要集中在几个大的流域，但各流域发生洪涝灾害的时间存在一定的差异。长江、珠江流域发生洪涝灾害的时间比较长，从 3 月下旬开始出现，直到 9 月雨季结束。长江流域 6—8 月是大洪涝灾害最集中的时间，一般发生在中下游特别是中游地区；珠江流域则集中在 5—7 月。

黄淮海流域春季雨水稀少，一般无洪涝灾害发生，7—8 月为主要雨季，较大洪涝灾害一般出现在 7—8 月。松花江、辽河流域位于我国北部，受夏季风影响最晚，雨季比较短，暴雨洪涝几乎都集中在夏季，特别是 7—8 月。辽河流域大洪涝灾害全部发生在 7 月下旬—8 月，松花江流域则发生在 7 月初—8 月。

二、旱灾普遍

水多造成洪涝灾害，水少则会导致旱灾的发生。旱灾虽然不像洪水那样惊心动魄，但对经济造成的损害比洪水大得多。从受灾的范围看，洪水是一条线，旱灾是一大片，旱灾影响的区域大得多，影响的人口也大得多。

我国大部分地区属于亚洲季风气候区，降水量受海陆分布、地形等因素的影响很大，在区域间、季节间和不同年份之间的分布很不均衡，因此旱灾发生的时期和程度有明显的地区分布特点。我国多年总的干旱格局是：南方干旱程度较轻，北方干旱程度较重。我国最大的干旱区为黄河、淮河和海河地区，其干旱发生的次数最多，受干旱影响的面积也居全国之首。

(一)干旱的原因

干旱的原因有两方面：一方面是气候的影响，另一方面是人类活动造成的。

首先来看看气候的影响。我国 20 世纪 80 年代，海河流域、黄河流域和淮河流域平均降水量比之前平均减少了 10％。20 世纪 90 年代以后，黄河、淮河、海河一带的旱象虽然比 20 世纪 80 年代略有缓解，但始终存在干旱化趋势。

人类活动的影响是多方面的：

第一，大量的河道外引水使河流的产汇流特性发生变化，造成径流性的水资源减少，甚至造成河道断流。

第二，乱砍滥伐造成森林植被被破坏，而树木在水资源循环中扮演着重要角色。因为，如果地球没有树木，那大气循环也将不可能继续下去，也就没有水资源的循环。

第三，大量产生的温室气体使气温升高，导致地表的蒸发条件发生了变化，进一步导致水资源的循环转化情况和降水的时空分布发生了变化。

(二)旱灾的危害

我国的干旱事件几乎年年出现。据《中国水旱灾害公报》公布的数据，1950—2007 年，全国农业平均每年因旱受灾面积 3.26 亿亩，其中成灾面积 1.86 亿亩，年均因旱损失粮食 158 亿千克，占各种自然灾害造成粮食损失的 60％以上。全国农作物年均因

旱损失粮食由 20 世纪 50 年代的 43.5 亿千克上升到 90 年代的 209.4 亿千克，而 2000 年以来更是高达 372.8 亿千克。

2000 年，我国北方地区出现大范围的持续干旱，北京、天津等许多城市供水告急。2004 年下半年，广东、广西、海南出现大面积干旱，许多城市用水紧张，工农业生产受到很大影响。2006 年，川渝地区遭遇 50 年一遇的大旱，导致 1800 万人饮水困难，经济损失达 150 亿元。

而在 2010 年春季，西南 5 省更是遭遇百年不遇的大旱，截至 2010 年 4 月 8 日，云南、贵州、广西、重庆和四川 5 省(区、市)耕地受旱面积 1.01 亿亩，作物受旱 7907 万亩，待播耕地缺水缺墒 2197 万亩。此外，有 2088 万人、1368 万头牲畜因旱饮水困难。

(三)水资源开发难度大

我国水资源开发利用的难度越来越大。北方大多数河流水资源开发利用超出水资源承载能力。淮河流域、西北部分内陆河流、辽河和黄河流域水资源开发利用率均超过或接近 60%，海河流域已经超过 100%，远远超过流域允许的水资源开发利用极限。

我国一些地区过度开采地下水，全国以城市和农村井灌区为中心形成的地下水超采区数量从 20 世纪 80 年代的 56 个发展到 2005 年的 164 个，超采面积从 8.7 万平方千米扩展到 18 万平方千米。

这实际上是靠牺牲生态环境来维持经济社会发展的用水需求，造成的后果往往是地面下沉、塌陷、水质变硬、海水倒灌、土壤次生沼泽化与盐渍化等。一些生态恶化严重的地区，甚至出现河流断流、湖泊干涸、湿地萎缩和绿洲消失等情况。

我国政府采取了一系列有效措施，基本保障了人民生活和经济社会发展的用水需求。

此外，正在兴建的南水北调东线、中线工程，将解决京、津、冀、鲁、豫和苏地区的用水问题，并通过水的置换补充华北及黄、淮、海平原的河流用水及地下水，改善北方的生态环境。

一方面是水资源短缺，另一方面是水资源利用效率低、浪费水的现象普遍存在。我国农业灌溉水的利用效率只有 40%～50%，而发达国家可达 70%～80%。全国平均单方水实现的 GDP 仅为世界平均水平的 1/5；食生产量为世界平均水平的 1/3；工业万元产值用水量为发达国家的 5～10 倍。此外，我国供水工程规模大，但闲置供水工程多，利用效率低下。

三、水体污染严重

比起水量减少，由于污染引致的水质恶化对水资源的影响更为严重，也更加令人忧虑。

(一)水污染事件频繁发生

近几年，频繁发生的水污染事故给我国地方的经济和居民健康造成了严重危害。根据监察部统计，2000—2005 年全国每年水污染事故都在 1000 起以上，平均每两三天便发生一起与水有关的污染事故；2005 年以后，水污染事件有所减少，但每年依然在 500 起左右。

2005 年 11 月，吉林石化公司双苯厂发生爆炸，造成松花江部分江段污染，导致沿江居民用水发生困难，这是我国近年来最大的水污染事故。

2005 年 12 月，广东一家企业超标排放含镉废水，导致下游 10 万人无法饮用北江水。

2006 年 1 月，湖南省株洲市霞港湾因水利工程施工不当，导致含镉废水流入湘江。

2006 年 9 月，湖南省岳阳县城饮用水源地新墙河发生水污染事件，砷超标 10 倍左右，8 万居民的饮用水安全受到威胁和影响。

2007 年 5 月底，太湖蓝藻大面积暴发，造成饮用水源地水质恶化。

太湖位于长江三角洲的核心，是沿湖众多城镇乃至上海的重要水源地，也是维系区域生态平衡的重要保障。中国科学院对太湖生态环境状况研究的结果显示，工业污染增加、农业面源污染扩大、城市生活污水直接入湖和渔业养殖规模急速扩张是造成太湖水环境恶化和水体富营养化日益加重的主要原因。

2009 年 2 月，由于自来水水源遭到化工污染，江苏盐城市区发生大范围断水，至少 20 万居民的生活受到影响。

（二）全国主要水资源污染严重

根据 2009 年《中国环境状况公报》，全国水资源污染依然较重。

在对全国 203 条河流的监测断面中，Ⅰ～Ⅲ类、Ⅳ～Ⅴ类和劣Ⅴ类水质的断面比例分别为 57.3%、24.3% 和 18.4%。主要污染指标为高锰酸盐指数、五日生化需氧量和氨氮。其中，珠江、长江水质良好，松花江、淮河为轻度污染，黄河、辽河为中度污染，海河为重度污染。

在对 26 个重点湖泊（水库）的监测中，满足Ⅱ类水质的 1 个，占 3.9%；Ⅲ类的 5 个，占 19.2%；Ⅳ类的 6 个，占 23.1%；Ⅴ类的 5 个，占 19.2%；劣Ⅴ类的 9 个，占 34.6%。主要污染指标为总氮和总磷。

营养状态为重度富营养的 1 个，占 3.8%；中度富营养的 2 个，占 7.7%；轻度富营养的 8 个，占 30.8%；其他均为中营养，占 57.7%。

在对全国多个重点城市地下水水质监测中，水质适用于各种使用用途的Ⅰ～Ⅱ类水占监测总数的 2.3%，适合集中式生活饮用水水源及工农业用水的Ⅲ类水占 23.9%，适合除饮用外其他用途的Ⅳ～Ⅴ类水占 73.8%。主要污染指标是总硬度、氨氮、亚硝酸盐氮、硝酸盐氮、铁和锰等。

2009 年，全国重点城市共监测 397 个集中式饮用水源地，其中地表水源地 244 个，地下水源地 153 个。监测结果表明，重点城市年取水总量为 217.6 亿吨，达标水量为 158.8 亿吨，占 73.0%；不达标水量为 58.8 亿吨，占 27.0%。

总之，水污染加剧了水资源危机，已成为当前水危机中最突出的问题。

四、水土流失扩大

我国是世界上水土流失最为严重的国家之一。由于特殊的自然地理和社会经济条件，水土流失过去一直是我国最主要的生态问题之一。

根据水利部发布的《2005年中国水土保持公报》，2005年全国土壤侵蚀量为19.82亿吨，其中尤以长江、黄河的土壤侵蚀量最多，分别达到11.64亿吨和4.00亿吨。全国绝大多数省（自治区、直辖市）都存在不同程度的水土流失问题，尤其是长江上游、黄河中游、东北黑土地和珠江流域石漠化分布的面积最大，后果最严重。

根据国家林业局发布的《2005中国荒漠化和沙化状况公报》，我国荒漠化面积为263.62万平方千米，其中水蚀荒漠化面积，即水土流失面积占荒漠化土地总面积的近10%。水土流失最为严重的是黄土高原地区，第二是西南的土石山区，另外还有长江中下游的红壤地区，黑龙江、内蒙古等西北的黑土冻融地区。

水土流失造成大量的土壤和肥料丧失。如西南的水土流失地区，很多地方的表土仅为12～13 cm，但以每年1 cm的速度被侵蚀的面积不在少数；如在黄土高原地区，年土壤侵蚀模数大于1000吨/平方千米的面积就有29.2万平方千米，占黄土高原总面积的46%，大于5000吨/平方千米的面积16.6 km²，占黄土高原总面积的26%。

从对水资源的影响方面，水土流失的危害主要体现在以下几个方面。

（1）水土流失造成生态恶化。凡是水土流失严重的地区，通常都是地面植被差，降雨量减少且分布不均，暴雨多，干旱灾害多。即使在同等降雨的条件下，由于水和土的大量流失，水土流失区的旱情也会加剧。

（2）水土流失导致江河湖库淤积，加剧洪涝灾害。例如，黄土高原地区由于水土流失严重，大量泥沙淤积在下游河床，形成著名的"地上层河"，严重威胁着黄淮海平原25万平方千米，1亿多人口的生命财产安全。又如，1998年长江发生全流域性的特大洪水，其主要的原因之一就是中上游地区水土流失严重，生态环境恶化。再如，截至2005年，全国的大中小型蓄水工程累计淤积泥沙达200亿吨以上，相当于损失库容1亿立方米的大型水库200座，严重削弱了水利设施的调蓄功能。

（3）影响水土资源的综合开发和有效利用。水土流失造成坡耕地水、土和肥流失，土地日益瘠薄，田间持水能力降低，加剧了旱情。中华人民共和国成立以来，由于水土流失而毁掉的耕地有4000多万亩，土壤流失总量达50多亿吨，每年流失的土壤相当于刮去全国1 cm厚的沃土。贵州、甘肃、宁夏等地的一些土地已丧失农业利用价值，直接威胁到当地群众的生存。另外在西北地区，由于水土流失造成的水资源短缺已成为一个主要的生态问题。

我国在水土流失方面的治理投入很大，但许多地区是边治理、边破坏。在一些干旱、半干旱地区，人们为了生产活动，大规模抽取地下水，使地下水下降，造成其蒸发的水汽减少。由于干旱和半干旱地区降水量少，植被主要靠捕捉浅水层蒸发的水汽来生存，因此当蒸发的水汽减少时，其捕捉到的水分就越来越少，从而导致地表上的生物种群开始演替。

例如，过去要 600 mm 水量支持的大一些的乔木、灌木逐渐被小的灌木、草更替；如果干旱加剧，湿生的草还会被旱生的草、盐生的草等代替。总之，水分条件越差，地表的生物量就越少；地表生物量越少，土壤里的有机质就越少；有机质越少，土壤干燥化程度就越严重，从而造成表土沙化；表土沙化以后更容易造成水土流失和荒漠化。可以看出，和水有关的生态问题已经形成了一个链条。

五、水资源危机加剧

我国的水资源危机主要表现在三个方面。

(1)水资源供需矛盾尖锐。我国人均水资源量仅为世界人均水资源量的 1/4，而且水资源的时空分布很不均衡。例如，华北、西北等地水资源严重不足；全国有 2/3 的城市缺水，成为制约当地社会经济发展的"瓶颈"。

(2)水资源灾害依然严重。例如，长江、淮河、黄河、松花江等流域的洪涝灾害仍然是我国的"心腹之患"。

(3)水环境质量恶化趋势加剧。随着工业发展和人口增长，大量未处理的工农业污水和生活废水排入河流、湖泊，造成了不同程度的水质恶化，更加剧了水资源的短缺。

改革开放以来，我国工业和城镇生活用水持续增长。总用水量从 1980 年为 4437 亿立方米，增加到 2008 年的 5910 亿立方米。工业用水从 1980 年的 457 亿立方米，增加到 2008 年的 1359 亿立方米。城镇生活用水从 1980 年的 68 亿立方米，增加到 2008 年的 727 亿立方米。我国农业用水在经过了大规模的增长后，基本上维持在 4000 亿立方米以内的用水规模，占总用水量的比重由 1980 年的 85％下降到 2008 年的 62％。

我国水资源短缺危机正逐步加大。根据我国的长期发展规划，到 2030 年全国的经济、社会和生态需水量将可能增加到 7000 亿立方米左右，人口将达到 15 亿多人，人均占有水资源量将降至 1700 立方米/人的国际公认警戒线。

▶第二节　土地资源问题与危机

一、土地资源退化

我国土地资源退化主要表现在大面积的土壤侵蚀、土地沙化和盐碱化不断加剧，以及分布在工业比较集中的城镇附近的大片土地遭到固体废物和污水的污染。

(一)水土流失愈益严重

据粗略估计，1949 年新中国成立之初全国水土流失面积约为 116 万平方千米，到 20 世纪 90 年代初扩展到 180 万平方千米，占全国土地面积的 1/6 多。平均每年增加流失面积 33.33 万～40 万公顷。自 20 世纪 90 年代以来，我国每年新增水土流失面积 1.5 万多平方千米，新增水土流失量超过 300 亿千克。

全国受水土流失危害的耕地超过 6 亿亩，相当于耕地总面积的 1/3。据估计，全国每年流失土壤达 50 亿吨，约占世界总流失量 600 亿吨的 1/12，其中注入海洋的泥沙量

约 20 亿吨，占世界陆地每年入海泥沙总量 240 亿吨的 1/12。比较肥沃的表土及其所含大量氮、磷、钾等营养元素均随之流失。

截至 2005 年，全国水土流失面积 356 万平方千米，亟待治理的水土流失面积近 200 万平方千米。据水利部统计显示，截至 2005 年年底，全国累计综合治理水土流失面积达 92 万平方千米。

全国每年综合治理水土流失面积由 20 世纪 90 年代初的 2 万平方千米，发展到 4 万～5 万平方千米，每年可减少土壤侵蚀量约 15 亿吨，增加蓄水能力 250 多亿立方米，增产粮食 180 亿千克。按此治理速度，还需约半个世纪才能将水土流失面积初步治理一遍。

全国水土流失情况最严重的是黄土高原和长江中上游。黄土高原水土流失面积为 43 万平方千米，占高原总面积的 70%，每年土壤侵蚀量高达 16 多亿吨。近十多年来对黄土高原开展小流域宗合治理，水土流失情况有所缓和。

长江流域水土流失面积在 20 世纪 50 年代为 36 万平方千米，到 20 世纪 80 年代扩展到 74 万平方千米，占全流域总面积的 41%，其每年土壤侵蚀量达 30 亿吨。北方石山区、华南红壤丘陵区和东北黑土区也是比较严重的水土流失地区。

水土流失日趋严重的原因，一是开垦陡坡，二是超量伐木，三是过度放牧，四是大型基础建设缺乏水保措施。

（二）荒漠化和沙化土地面积大

中国是世界上荒漠化和沙化面积大、分布广、危害重的国家之一。严重的土地荒漠化、沙化威胁着我国生态安全和经济社会的可持续发展。

1. 荒漠化和沙化土地现状

截至 2004 年，全国荒漠化土地总面积为 263.62 万平方千米，占国土总面积的 27.46%。其中，风蚀荒漠化土地面积 183.94 万平方千米，占荒漠化土地总面积的 69.77%；水蚀荒漠化土地面积 25.93 万平方千米，占 9.84%；盐渍化土地面积 17.38 万平方千米，占 6.59%；冻融荒漠化土地面积 36.37 万平方千米，占 13.80%。

荒漠化土地主要分布在新疆、内蒙古、西藏、甘肃、青海、陕西、宁夏和河北 8 省（自治区），占全国荒漠化总面积的 98.45%。

截至 2004 年，全国沙化土地面积为 173.97 万平方千米，占国土总面积的 18.12%。其中，流动沙丘面积为 41.16 万平方千米，占沙化土地总面积的 23.66%；半固定沙丘为 17.88 万平方千米，占 10.28%；固定沙丘为 27.47 万平方千米，占 15.79%；戈壁为 66.23 万平方千米，占 38.07%；风蚀劣地为 6.48 万平方千米，占 3.73%；沙化耕地为 4.63 万平方千米，占 2.66%；露沙地面积为 10.11 万平方千米，占 5.81%；非生物工程治沙地面积为 96 平方千米。

沙化土地主要分布在新疆、内蒙古、西藏、青海、甘肃、河北、陕西和宁夏 8 省（自治区），占全国沙化土地总面积的 96.28%。

2. 荒漠化和沙化土地的动态发展

气候干旱、植被稀少和地表组成物质松散等自然环境是沙漠化形成的内因，而过度开垦、过度放牧和过度樵采等人为干涉则是形成沙漠化的外因。

近年来，我国大力营造"三北"防护林，开始调整半农半牧地带的产业结构和改进土地利用方式，以求遏制沙漠化的恶性蔓延，并取得了一定的成效。

与 1999 年相比，全国荒漠化土地面积减少 37924 平方千米，年均减少 7585 平方千米。其中，风蚀荒漠化土地减少 33673 平方千米，水蚀荒漠化土地减少 5525 平方千米，盐渍化土地增加 930 平方千米。

与 1999 年相比，全国沙化土地面积净减少 6416 平方千米，年均减少 1283 平方千米。其中，流动沙丘减少 15651 平方千米，半固定沙丘减少 23098 平方千米，固定沙丘增加 33265 平方千米。

目前，我国荒漠化和沙化状况总体上有了明显改善，已从 20 世纪 90 年代末的"破坏大于治理"转变到"治理与破坏相持"，荒漠化和沙化整体扩展的趋势得到初步遏制，但局部地区仍在扩展，形式仍然十分严峻。

(三)土壤盐碱化越发严重

盐碱化也是影响土质的重要问题。我国盐渍化土地约有 14.87 亿亩(包括现代盐渍土壤 5.54 亿亩和潜在盐渍化土壤 2.6 亿亩)。全国耕地中受盐渍化制约的有 1 亿多亩，占 5％强。

(四)土地污染问题日益严重

随着城市规模的扩大、工业的发展、乡镇企业的兴起以及大量施用农药等原因，土地污染问题日益严重。据估计，全国受大工矿业"三废"物质污染的耕地达 0.6 亿亩，受乡镇企业污染的耕地有 0.8 亿亩，受农药严重污染的农田有 2.4 亿亩，三者合计达 3.28 亿亩。土地污染已经对我国生态环境质量、食物安全和社会经济可持续发展构成严重威胁。若不及早采取措施，后果很严重。

综上所述，我国土地资源破坏的情况十分严重。其中，每年因风沙造成的直接经济损失高达几十亿元。尽管水土流失总面积在逐渐减少，但风蚀面积却呈上升状态。另外，我国受农药、重金属等污染的土地面积高达几亿亩。

二、耕地严重流失

作为一个农业大国，中国自古以来有"惜土如金"的传统，这是因为"有土斯有粮"，要满足人民吃粮，必须爱惜耕地。但改革开放以来，由于开发建设需要和受市场经济驱动影响，各行各业都伸手要地，在这股洪流冲击下，全国各地区的大量耕地纷纷被转作他用。

耕地锐减直接削弱了粮食生产能力。据调查，1980—1985 年平均每年流失耕地 738 万亩；1986—1990 年平均每年流失耕地 353 万亩；1991—1995 年每年耕地流失量上升到 500 万亩；1997—2004 年每年流失耕地达 1482 万亩；2005—2008 年每年流失耕地达 132 万亩。总计，1980—2008 年共流失耕地约 1.94 亿亩。

耕地减少的原因，一方面是由于农业内部的产业结构调整和灾害损毁。改革开放改变了过去"以粮为纲"的单一经营思想，而根据市场要求调整农业的结构，种植业、畜牧业、林业和渔业全面发展，从而促使了土地利用分配的调整，其一大特点就是普

遍压缩种粮用地。

以上做法虽然取得了一些经济效益，但由于忽视社会和生态效益，又缺乏宏观控制和管理，也出现了一些新问题，如在耕地上挖鱼塘、种果树，过多地挤掉了粮田面积。

另一方面是非农业建设占地造成耕地的永久性流失。虽然建设需要用地，但很多开发建设带有很大的盲目性。例如城市无限制外扩，盲目圈地建设开发区，农村宅基地严重超标，修建豪华墓地，乱取土烧砖瓦以及露天采矿等。

1978 年时全国仅有城市 192 座，集镇不到 2900 个；到 2005 年全国城市发展到 661 座，集镇猛增至 41636 个。城镇急剧扩张是以占用大片粮田为代价的。如珠江三角洲自改革开放以来至 1995 年，城镇建成区规划共占地 9500 km^2，可容纳 1 亿城镇人口，而事实上广东全省城镇人口不过 1000 万，即使全部集中到珠江三角洲的城镇中，其占用地也绰绰有余。可见城市建设浪费了过多的粮田。

修坟占用耕地的现象也值得注意。例如，江苏全省批准的经营性公墓有 53 个，公益性公墓有 7611 个，非法公墓不计其数。

近年来，在我国减少的耕地中，城镇周围和交通沿线的优质耕地，以及南方地区水田被占用较多，这些耕地的损失很难靠开垦荒地来补偿。因此，国家面临保护耕地的形势十分严峻。

三、建设用地低效粗放

近年来，一些城市发展规模失控，占用耕地面积过多问题较为突出。有关专家利用遥感卫星资料测算的结果表明，1986—1995 年全国 31 个特大城市的主城区占地规模扩大了 50.2%。

城市用地增长率与人口增长率之比例低于 1.12：1 算是合理，而我国目前已高达 2.29：1。个别城市 1980—1995 年人均占地从 76.9 m^2 增至 158.1 m^2，增加了 1 倍多。更为严重的是城市扩建占用的土地绝大多数都是城郊菜地或良田沃土。

小城镇建设中缺乏科学合理的统一规划，盲目追求超规模，在缺乏项目、资金和规模的情况下，必然导致粗放用地。2005 年城市建设统计公报显示，全国设市城市 661 个，城市人口 35894 万人，城市面积 41.27 万平方千米，其中建成区面积 3.25 万平方千米，城市范围内人口密度 270 人/平方千米。村镇人均建设用地 155 m^2，建制镇 149 m^2，分别为设市城市人均用地水平的 1153 倍和 1147 倍。可以看出，城镇人均建设用地远远大于设市城市。

此外，全国城市中，人均城市建设用地 100m^2 以下的城市占 38%，其人口占全国设市城市人口的 63%，人均建设用地高于 120m^2 的城市占 46%，其人口占全国设市城市人口的 24%。从城镇内部土地的容积率来看，目前我国城镇用地的平均容积率仅为 0.13，远远低于发达国家水平。

开发区建设占地失控也很突出，20 世纪 90 年代初期全国各地掀起了兴建开发区之风，纷纷跑马圈地，筑巢引凤。据不完全统计，截止到 2006 年经国务院批准的国家级经济技术开发区共 54 个，省级政府批准的经济开发区共有 1340 个，另外还有非法建设的开发区不计其数。开发区用地严重失控，据统计，仅开发的起步区就占用了1022万亩土地，而且大多数都是耕地。

不少地方以地为代价来招商引资，集聚"地财"，不顾国家大局，乱上项目、滥占耕地，甚至肆意炒卖地皮，从中牟利。1992年全国省（自治区、直辖市）、市、县、乡各类开发区达到了9000多处，共占地2400多万亩，而且80%是耕地。其中绝大多数开发区圈地规模过大，而实际开发滞后，于是出现圈而不用，造成大片耕地抛荒现象。

此外，村镇建设超标也很严重。首先是乡镇企业用地缺少指导，只顾眼前利益，盲目占用良田沃土；其次是农村居民宅基地用地严重超标，全国农村居民人均宅基地占用面积已达190 m²，已超过规定的最高标准150 m²的27%，而且宅基地几乎都选在交通方便的平原，占用的多为高产良田。

四、中低产田面积大

中国有960万平方千米的土地面积，但是山地、丘陵面积广大，占全国土地总面积的43.23%，平原面积较小，仅占土地总面积的11.98%，耕地资源总体质量较差。

据2004年中国环境状况公报显示，我国耕地资源中，高产稳产田只占耕地总面积的35%，受干旱、陡坡、瘠薄、洪涝、盐碱等各种障碍因素制约的中低产田占65%，生产效率低下，技术改造困难。再加上我国的水土资源匹配较差，这也严重影响了耕地的出产效率。

五、粮食安全存在隐患

国际公认的粮食安全的标准是人均占有粮食500kg，而且只将谷物算作粮食。我国一般将人均占有400kg作为粮食安全的标准，而且还将大豆和薯类都作为粮食的一部分。即便如此，也只有少数年份才达到这一标准。

要保证国家的粮食安全，必须要有一定数量的耕地面积。但是，随着我国人口的不断增长，城市化水平不断提高，我国耕地面积还会不断减少。与此同时，粮食的需求却会随着人口的增长和消费水平的提高成刚性增长趋势，再加上我国又是旱涝灾害频繁的国家，粮食生产年际波动较大，因此粮食安全存在隐患。

▶ 第三节　能源资源问题与危机

一、能源资源约束日益加剧

近年来我国能源消费出现超常规的增长。回顾1980—2000年，我国从经济上来讲实现了翻两番的目标，但在能源消费方面却只翻了一番。2001年出现拐点，从2001—2005年能源弹性系数达到1.28，也就是说能源消费的增长超过了GDP的增长。

虽然从2005年开始，能源弹性系数重新小于1，但从发展趋势来看，我国工业已进入重化阶段，按世界各国发展的历史规律来看，能耗迅速增长阶段似乎不可避免。

我国是一个能源相对匮乏的国家，能源供需矛盾突出。石油、天然气、煤炭的人均探明可采储量只有世界平均水平的 7.7%、7.1% 和 63%。随着国民经济平稳较快发展，城乡居民消费结构升级，能源消费将继续保持增长趋势，资源约束矛盾更加突出。

二、温室气体排放压力和环境污染加重

目前，全球每年排放二氧化碳高达 250 多亿吨。空气中的二氧化碳浓度，自工业化 150 多年以来，已从 280 ppm 增至 380 ppm。

在经历了长期的争论后，全世界的学者达成共识：温室气体将对地球造成灾难性的后果。因此，全世界都在采取多种措施减排二氧化碳。

我国已于 2002 年成为《京都议定书》的第 37 个签约国。作为一个负责任的大国，我国在不远的将来必然要承担温室气体的减排任务。因而，从现在开始就应该认真考虑，如何在政策上，从技术上分阶段减排二氧化碳，否则，在今后几十年我国将会为此付出更多的代价。

我国以煤为主的能源消费结构和比较粗放的经济增长方式，带来了许多环境问题。事实已经证明大量使用煤炭已使我国环境严重污染。例如，目前我国有 30%～40% 的地区出现酸雨现象，呼吸系统疾病不断增加。

空气中的污染物质主要是二氧化硫、氮氧化物、可入肺颗粒物、可吸入颗粒物、汞和二氧化碳，这些污染物的 80% 是由于化石能源的应用，尤其是煤的直接燃烧所引起。

因此，从国家能源战略角度考虑，应谨慎地使用煤炭资源，并尽可能使能源来源分散化和能源消费结构合理化，以及尽可能充分利用全球的能源资源。

三、能源利用效率低

目前，我国总体能源利用效率约为 33%，比发达国家低约 10 个百分点，主要工业产品单位能耗比国际先进水平高约 40%。我国单位 GDP 的能耗远高于发达国家，2009 年，我国 GDP 约占世界的 8%，消耗能源 31 亿吨标煤，每万元 GDP 耗能 1.08 吨标准煤，是美国的 3 倍多。

我国经济结构的特点是造成单位 GDP 能耗高的重要因素。目前，我国尚处在工业化、城镇化加快发展的历史阶段，高耗能产业在经济增长中占有较大比重。因此，要转变能源生产和消费模式，提高能源效率，减少能源消耗，是一项长期而艰巨的任务。

科技发展是解决能源效率问题的根本途径。与世界先进国家相比，我国在能源高新技术和前沿技术领域还有相当差距，能源科技自主创新任重道远。

四、农村能源问题突出

目前，农村能源存在的主要问题如下。

(1)生活用能商品化程度偏低。到目前为止，仍然有相当数量的农民没有得到良好的能源服务，他们仍依赖当地的农业废弃物(秸秆、柴草等)作为主要能源，有些地方

甚至仍在砍伐森林和破坏生态。

(2)地区发展不平衡。西部农村普遍存在能源不足问题,东中部山区和贫困地区用能状况也需要进一步改善,全国尚有 1000 多万无电人口。

(3)新建城镇人均能耗增大。我国城镇化率以每年 1% 的速度在增长,每年有将近 1000 万人口进入新的城镇。据统计,每个城镇居民人均所消耗的能源是农村人均的 3.5 倍。这部分份额巨大的能源应来自何处,是急需解决的问题。

总之,加快农村能源建设,改善农村居民生产生活用能条件,是建设社会主义新农村的必然要求,是全国整体能源战略的重要组成部分。

五、石油短缺是国家能源安全的核心

从 2007 年起,我国每年进口石油近 2 亿吨,对石油进口的依存度超过 50%。

按照国际上通行的一个观点,如果一个国家的石油进口依存度达到或者超过 50%,说明该国已进入了能源预警期。

在我国能源消费结构中,石油的消费比重为 20% 左右,虽然没有达到发达国家的 40% 左右,但石油对我国经济递增速度的贡献率要远远大于煤炭。作为具有重要战略意义的物资,50% 依存度所带来的石油供应风险不容忽视。

为应对石油短缺带来的能源安全威胁,我国应加大国内石油资源的勘探开发力度,并采取多元化海内外石油供应方式,以及建立和完善石油安全储备体系及期货市场。

六、能源管理体制约束依然严重

解决我国能源领域存在的矛盾、问题和挑战,从根本上说在于体制机制的创新,因此实施能源战略的根本保障是深化改革,完善体制机制。

我国能源管理体制约束严重,具体表现为:煤炭企业社会负担沉重,竞争力不强;完善原油、成品油和天然气市场体系,还有大量需要解决的问题;电力体制改革方案确定的各项改革措施有待进一步落实。

能源体制改革是一项复杂的系统工程,既关系国民经济发展,又涉及亿万居民的日常生活,牵一发而动全身。我国能源体制改革的关键在于以下几个方面。

(1)推进能源价格改革,建立起反映市场供求,反映资源稀缺程度,反映环境、资源等外部成本的价格形成机制。对于能形成有效竞争的能源产品实行市场定价机制;对于具有自然垄断特性的能源,实行有效的价格监管。此外,建立有利于合理调整能源结构、促进新能源发展的产品比价关系。

(2)完善财税体制。首先是有步骤地出台限制高耗能的约束性政策,如开征燃油税,调整资源税税率,改进资源税(如煤炭、石油等)的征收管理办法,并适时开征能源税或炭税。

其次是形成对节能与可再生能源发展的激励机制,强化对节能产品的政府采购政策,加大对能源研发的预算内投入,建立财政贴息与对可再生能源研发与生产的补贴制度。

最后是调整涉及能源的各税种及税率(如增值税、消费税、所得税和进出口关税等)。

(3)建立能源战略管理体制与监管机制。建立有效的能源管理机制或能源监管机构(政监合一或政监分离),让其负责制定能源战略和能源规划,制定和调整重大能源政策,统筹协调各能源领域的政策,负责国家能源安全,加强市场监管,促进能源行业的有序竞争等。

通过能源管理机构和职能的改革,在能源战略与规划制定、能源资源开发、节约能源、降低能耗、提高能效等方面形成有效的管理机制,从事先审批为主,向事先、事中、事后全方位管理转变。此外,管理内容不仅注重经济性指标,更要注重社会性指标。

(4)加强能源领域立法工作。完善现有的《中华人民共和国电力法》《中华人民共和国矿产资源法》《中华人民共和国煤炭法》等,抓紧制定《中华人民共和国石油法》《中华人民共和国天然气法》和《中华人民共和国能源法》等。加强对已有法律的宣传,并贯彻、落实、形成有效促进能源开发与节约的法制保障。

▶ 第四节 矿产资源问题与危机

一、矿产资源形势日趋严峻

我国矿产资源形势日趋严峻,资源危机和短缺已成为经济社会发展的"硬"约束。这主要体现在以下几个方面。

(1)关乎国计民生的大宗矿产资源,如油、铁、锰、铬、铜、铝和钾盐等短缺,供需缺口持续扩大,对外依赖程度越来越高,最近几年,石油、铁矿石和铜的对外依存度都接近或超过了70%。

(2)由于矿产勘查工作的长期萎缩,导致一些重要矿产资源储量增长长期低于产量增长,铁、锰、铜、锌和钨等重要矿产查明资源储量逐年下降,资源对经济社会发展的支撑不断削弱。

(3)矿产资源利用粗放,效率低下,浪费破坏严重。例如,约有2/3具有共生、伴生有用成分的矿山未开展综合利用,资源综合利用率仅为20%;尾矿利用仅达10%。

(4)我国单位GDP消耗资源过多。例如,我国已经是煤炭、钢铁和铜等矿产品的世界第一消费大国和继美国之后的石油、电力第二消费大国。

二、矿产资源开发利用的主要问题

我国矿产资源开发利用存在许多问题,主要体现在以下几个方面。

1. 找矿勘查工作成效不大

我国矿产资源供需矛盾加剧的主要原因之一,是近十几年来找矿勘查工作成效不是很大,查明的矿产资源储量不足以弥补快速的资源消耗。导致这种局面出现既有资金投入方面的原因，也有自然条件方面的因素。

在资金投入方面，主要表现为国家投入不足，国有地勘单位缺乏资金，公益性地质工作滞后，找矿技术缺乏重大突破；而商业性矿业公司投入基本限于就矿找矿，对一些新区和工作难度高的地区，其勘查工作明显投入不够。

在自然因素方面，主要表现为目前易发现、易识别的地表露天矿越来越少，隐伏矿和深部矿成为找矿主体，从而导致找矿勘查难度急剧增大，传统勘查技术日显其拙，找矿风险越来越大，探矿成本越来越高。

2. 矿产资源浪费严重，利用效率低下

目前我国资源利用方式还处于工业化国家发展的原始模式阶段，资源开采和利用方式粗放、浪费严重、效率不高。

首先，表现在矿产资源消费环节。一些矿产品消费增长速度大于经济发展速度。2009 年我国 GDP 增长 9.5%，而钢材、精炼铜和水泥的消费量分别增长 22.4%、39.7%和 17%。同年我国 GDP 约占世界 GDP 的 8%左右，但消耗的原油、原煤、钢材、水泥和精炼铜分别约占世界消费量的 10.4%、46.9%、50%、50%和 36%。

其次，表现在矿产资源开采环节。我国矿山的特点是"小、散、多"，而且大部分矿山建设得早，开采技术相对落后和粗放，主要表现在：

（1）我国矿产资源总回收率为 30%左右，比国外先进水平低 20 个百分点；

（2）全国煤矿回采率平均只有 35%，一些煤矿回采率仅为 15%，有些甚至低至 10%；

（3）有色金属矿山综合回收率为 35%，比国外水平低 10%；

（4）只有部分大中型矿山开展综合利用，而大量非国有小型矿山根本不进行综合回收；

（5）共伴生矿的利用率不高。

虽然通过多年持续治理整顿，矿产开发秩序出现了明显好转，但近几年，由于煤、石油及许多矿产资源供求紧张，价格上涨，一些地方矿产资源开发秩序问题突出，乱采滥挖、浪费资源和破坏环境的现象相当严重。

在矿产资源利用方面，我国目前的能源效率仅为 33%，比发达国家约低 10 个百分点，其中主要产品单位能耗平均比国际先进水平高 40%左右，重点钢铁企业吨钢可比能耗高 40%，火电煤耗高 30%。

3. 矿山环境破坏、污染严重

多年来，矿山企业普遍存在重资源开采、轻环境保护的问题，主要表现在：

（1）部分国有大中型老矿山历史包袱过重，矿区土地破坏面积大，地质灾害隐患严重，恢复治理任务艰巨；

（2）众多小矿只顾采掘资源，不顾环境保护，造成采区自然生态的严重破坏；

（3）许多矿山废石、废渣和废水随意堆积排放，严重污染环境；

（4）尾矿井未能得到有效的保护利用，既不利于资源的二次开发，也容易造成环境污染和地质灾害。

据统计，目前我国采矿形成的废水占工业废水的 10%以上，采矿造成的固体废弃

物占工业固体废弃物 64% 以上，采矿占用和损毁的土地近 9000 万亩，而复垦率仅为12%，大量老矿山塌陷区、排石场和尾矿坝有待治理。资源利用效率不高、生态破坏和环境污染是我国实现可持续发展的重大挑战之一。

4. 矿产勘查开发秩序未能根本好转

经过整顿规范，我国矿产资源领域中勘查、开采秩序的混乱现象已基本得到控制，但影响矿业勘查开发秩序的深层问题尚未得到有效解决。

应该看到，当前矿业秩序存在的问题和 20 世纪不太一样，那个时候是乡镇企业与各级国营矿山企业争抢资源，以资源纠纷为主。

而现在许多地方政府官员都已意识到矿产资源是地方和个人经济收入的重要来源，依靠矿业权的流转即能获得巨额收益，所以很多问题是地方政府和个别官员干预、越权乱批造成的。不少矿区地方政府官员和矿山企业都有千丝万缕的关系，权力寻租助长了矿产资源开采秩序的混乱。

5. 利用国外矿产资源困难加大

目前，我国需要进口大量矿产资源，但同时利用国外矿产资源困难也在加大。主要表现在以下几点。

(1) 进口矿产品运输量大，国际运费上涨。随着我国矿产品进口量的大增，国际海运价格也不断增长，仅 2004—2005 年国际海运价格在中国因素的作用下就翻了一番。

(2) 国际市场矿产品价格暴涨。从 2003 年开始，由于美国经济的复苏和东亚经济的强劲，促进世界经济的再次繁荣，能源和工业原材料需求转旺，价格上涨。1999 年首先是石油价格上涨，镍、铂紧随其后；2003 年金、银、铂(族金属)、铜和钴价格上涨；2004 年锡、铅、锌和铀价格上涨；2005 年各种矿产品价格全面上扬；2008 年上半年各种矿产品价格达到历史新高。

(3) "走出去"利用海外矿产资源还存在不少问题。一方面，先机已被国外公司占据。20 世纪 80 年代末 90 年代初，很多发展中国家改善矿业投资环境吸引外资，加上世界当时矿业形势较好，一些有实力的资深矿业公司借机在全球扩张。几乎在世界上每一个有资源潜力的角落都有跨国矿业公司活动的踪迹。

另一方面，我国矿业企业的国际竞争力低。目前矿业新的全球化分配格局正在逐步形成，我国企业"走出去"面临的竞争对手正是以美国、加拿大、澳大利亚、南非等传统矿业国家为基础的跨国公司，这些跨国公司具有丰富的矿业商业运作知识和国际资本经营经验。

与它们相比，我国矿业企业无论是在经营理念上，还是在规模、资本、技术、经验方面都显不足，国际竞争力低。此外，我国到海外投资的法律法规还不完善，也是制约我国合作勘查开发境外资源的一大因素。

三、中国矿产资源危机的主要表现

1. 大宗支柱性矿产供需矛盾日益加剧

我国关系到国民经济命脉的用量大的铁、锰、铜、铝、铬铁矿、硫、磷、钾等大宗矿产贫矿和难选矿多，富矿少，质量差，利用率低，后备储量严重不足，供需关系日趋紧张；钨、锑、锡、稀土等优势矿产，虽然富矿多，规模大，质量好，储量丰富，但由于管理不善，优势难以发挥，前景堪忧。

我国已探明的铁矿98％是贫矿和难选矿；锰矿绝大多数都是低品位、难选冶的碳酸锰矿石；铝土矿均为一水型铝土矿石，难选冶；铜矿缺乏富矿和超大型矿床。这些资源自然禀赋的不足制约了资源的开发利用，其矿产品难以满足国内需求，供需缺口不断加大，需长期依靠进口以补不足。

目前，我国铁矿石、锰矿石、铜精矿对进口的依赖程度分别由1990年的11％、9％和23％上升到41.6％、50％和70％，每年消耗国家大量外汇，而且供应安全得不到保障。我国铬铁矿资源则绝对贫乏，后备储量严重不足，国内消费近90％要依靠进口解决。

虽然我国钨、锑、锡、稀土资源较丰富，但由于开发利用管理不善，资源破坏浪费惊人，其优势地位正在不断减弱。例如，由于这些矿产的生产和出口总量过大，使世界市场严重供过于求，价格逐年下降。

我国主要农用矿产资源硫、磷、钾，要么资源质量低劣，要么严重短缺，不利于农业生产。例如，硫、磷矿资源虽然丰富，但贫矿多，难选矿多，选冶成本高；而硫主要以硫铁矿的形式存在，自然硫很少，可直接利用的自然硫不足总储量的3％，与国外硫源结构完全不同。

我国用于生产钾肥的钾盐矿产供需形势也很严峻。目前我国钾肥年需求量约为700万吨，年产量约为400万吨，需进口约300万吨来补充国内需求。

2. 主要矿产资源保障程度降低

随着找矿难度增加，加之有效勘查投入不足。我国主要矿产保有查明资源储量增幅不大，绝大多数矿产新增查明资源储量增长速度远低于消费量的增长速度，甚至有许多矿产查明资源储量出现多年持续下降的情况。

例如，2005年与2001年相比，我国在45种主要矿产中，查明资源储量有所下降的就15种，包括铜矿、锌矿、镍矿、钨矿、锡矿、锑矿、稀土、银矿、磷矿、芒硝、重晶石和石墨等。

3. 短缺矿产品进口依赖程度不断提高

近年来，随着国内矿产品供需矛盾加剧，大宗短缺矿产品进口量大幅增长，导致这些矿产品消费对进口的依赖程度不断提高，其中以原油和铁矿石进口量增长最为迅猛。

>>>   思考题

1. 水资源问题与危机有哪些？
2. 水土流失的危害有哪些？
3. 土地资源问题与危机有哪些？
4. 能源资源问题与危机有哪些？
5. 中国矿产资源危机的主要表现是什么？

第五章　发展低碳经济建设节约型社会

▶第一节　低碳经济提出的背景和历史发展

一、低碳经济的含义

所谓低碳经济，是指在可持续发展理念指导下，通过技术创新、制度创新、产业转型、新能源开发等多种手段，尽可能地减少煤炭石油等高碳能源消耗，减少温室气体排放，达到经济社会发展与生态环境保护双赢的一种经济发展形态。

发展低碳经济，一方面是积极承担环境保护责任，完成国家节能降耗指标的要求；另一方面也是调整经济结构，提高能源利用效益，发展新兴工业，建设生态文明的要求。这是摒弃以往先污染后治理、先低端后高端、先粗放后集约的发展模式的现实途径，是实现经济发展与资源环境保护双赢的必然选择。

在低碳经济问题上，人们需澄清一些认识上的误区：

(1)低碳不等于贫困，贫困不是低碳经济，低碳经济的目标是低碳高增长；

(2)发展低碳经济不会限制高能耗产业的引进和发展，只要这些产业的技术水平领先，就符合低碳经济发展需求；

(3)低碳经济不一定成本很高，温室气体减排甚至会帮助节省成本，并且不需要很高的技术，但需要克服一些政策上的障碍；

(4)低碳经济并不是未来需要做的事情，而是应从现在做起的事；

(5)发展低碳经济是关乎地球上每个国家和地区，关乎每一个人的事。

二、低碳经济提出的背景

(一)源于当今气候变化

低碳经济的提出缘起于全球气候变化。当前，全球气候变化已经对经济社会的可持续发展带来了严峻的挑战，深度触及了农业和粮食安全、水资源安全、能源安全、生态安全和公共卫生安全，已超过恐怖主义、阿以冲突、伊拉克战争问题，成为压倒一切的首要问题。

联合国政府间气候变化专门委员会(IPCC)分别在1990年、1995年、2001年、2007年和2014年发表了5份全球气候评估报告，表明人类活动是造成气候变暖的主要原因：

1990年的报告向人类警示了气温升高的危险。

1995年的报告认为，"证据清楚地表明人类对全球气候的影响"。

2001 年的报告中称，有"新的、更坚实的证据"表明人类活动与全球气候变暖有关，全球变暖由人类活动导致的"可能"性是 66％。

2007 年，IPCC 发表的第 4 份全球气候评估报告指出，气候变暖已经是"毫无争议"的事实，人为活动导致气候变暖的可能性为 90％以上。而且，这种全球变暖对自然系统和社会经济已经产生了非常显著的影响。

2014 年的报告指出，人类对气候系统的影响是明确的，而且这种影响在不断增强。如果任其发展，气候变化将会增强对人类和生态系统造成严重、普遍和不可逆转影响的可能性。

(二)源于当今能源危机

虽然为应对气候变化直接促生了低碳经济，但另一方面，人类现代工业文明赖以形成的化石能源正在日益减少，也要求人类必须提高现有能源利用效率，开发更清洁的新能源。低碳经济，也正是在这样一种背景下诞生的现实命题。

诺贝尔奖获得者，化学家斯凡特·阿累利乌斯(1996)认为，化石能源的燃烧使用将不可避免地增加大气中二氧化碳的浓度，预计到 2050 年，温室气体(CO_2)浓度将达到 550ppm，它将扰乱自然生态系统的各种因素(如海水温度、洋流以及太阳辐射)间的微妙平衡。

世界能源结构中对化石能源的过度依赖是温室气体(CO_2)浓度快速上升的根源。长期以来，以化石能源为基础的工业社会已悄然地把人类带入了"高碳经济"体系，但是这种能源正在日益减少。现在地球上已查明的这些化石能源储藏量按现在的能源消耗方式计算，只够人类开采百年就会告罄。这也是人类现代工业文明必须从高碳经济和高碳社会向低碳转变的原因之一。

由此可见，从 20 世纪 90 年代初开始，国际社会逐步认识并重视气候变化问题，日益关注气候变化带来的影响。应对气候变化的举措首先面对的就是二氧化碳的减排问题。而化石能源的日益减少则要求人类必须转换依赖碳能源而发展起来的经济体系，需要找到新的替代能源，需要发展一种新的经济发展方式。在此现实背景下，低碳经济应运而生。

三、低碳经济的历史发展

1992 年 5 月，联合国政府间谈判委员会就气候变化问题达成公约——《合国气候变化框架公约》。这是世界上第一个为全面控制二氧化碳等温室气体排放以应对气候变化的国际公约，也是国际社会在对付气候变化问题上进行国际合作的一个基本框架。

1997 年 12 月，《联合国气候变化框架公约》第 3 次缔约方大会在日本京都召开，会议通过了《京都议定书》。在《京都议定书》的第一承诺期，即从 2008 年到 2012 年，主要工业发达国家的温室气体排放量要在 1990 年的基础上平均减少 5.2％，其中欧盟将 6 种温室气体的排放量削减 8％，美国削减 7％，日本削减 6％。在世界多数国家的努力下，《京都议定书》在 2005 年 2 月生效。

"低碳经济"最早见于政府文件是英国 2003 年的能源白皮书《我们能源的未来：创

建低碳经济》。作为第一次工业革命的先驱和资源并不丰富的岛国，英国充分意识到了能源安全和气候变化的威胁：英国正从自给自足的能源供应走向主要依靠进口的时代，按目前的消费模式，预计 21 世纪 20 年代英国 80％的能源都必须进口；同时，气候变化的影响已经迫在眉睫。

2006 年，前世界银行首席经济学家尼古拉斯·斯特恩牵头作出的《斯特恩报告》指出，全球以每年 GDP 1％的投入，可以避免将来每年 GDP 5％～20％的损失，呼吁全球向低碳经济转型。

2006 年年底，中国科技部、气象局、发改委和国家环保总局等六部委联合发布了我国第一部《气候变化国家评估报告》。

2007 年 6 月，中国正式发布了《中国应对气候变化国家方案》。

2007 年 7 月，美国参议院提出了《低碳经济法案》，指出低碳经济的发展道路有望成为美国未来的重要战略选择。

2007 年 7 月，温家宝在两天时间里先后主持召开国家应对气候变化及节能减排工作领导小组第一次会议和国务院会议，研究部署应对气候变化工作，组织落实节能减排工作。

2007 年 9 月 8 日，胡锦涛在亚太经合组织（APEC）第 15 次领导人会议上，本着对人类、对未来的高度负责态度，对事关中国人民、亚太地区人民乃至全世界人民福祉的大事，郑重提出了四项建议，明确主张"发展低碳经济"，令世人瞩目。他在这次重要讲话中，一共提到了 4 回"碳"："发展低碳经济""研发和推广低碳能源技术""增加碳汇""促进碳吸收技术发展"。他还提出："开展全民气候变化宣传教育，提高公众节能减排意识，让每个公民自觉为减缓和适应气候变化作出努力。"

这也是对全国人民发出的号召，提出了新的要求和期待。胡锦涛主席还建议建立"亚太森林恢复与可持续管理网络"，以共同促进亚太地区森林恢复和增长，减缓气候变化。

同月，国家科学技术部部长万钢在 2007 中国科协年会上呼吁大力发展低碳经济。

2007 年 12 月 3 日，联合国气候变化大会在印尼巴厘岛举行，15 日正式通过一项决议，决定在 2009 年前就应对气候变化问题的新安排举行谈判，制定了世人关注的应对气候变化的"巴厘岛路线图"。

"巴厘岛路线图"为 2009 年前应对气候变化谈判的关键议题确立了明确议程，要求发达国家在 2020 年前将温室气体减排 25％～40％。"巴厘岛路线图"为全球进一步迈向低碳经济起到了积极的作用，具有里程碑的意义。

2007 年 12 月 26 日，国务院新闻办发表《中国的能源状况与政策》白皮书，着重提出能源多元化发展，并将可再生能源发展正式列为国家能源发展战略的重要组成部分。该白皮书没有再提我国能源发展以煤炭为主。

联合国环境规划署确定 2008 年"世界环境日"（6 月 5 日）的主题为"转变传统观念，推行低碳经济"。

2008 年 6 月 27 日，胡锦涛在中央政治局集体学习会议上强调，必须以对中华民族和全人类长远发展高度负责的精神，充分认识应对气候变化的重要性和紧迫性，坚定不移地走可持续发展道路，采取更加有力的政策措施，全面加强应对气候变化能力的建设，为我国和全球可持续发展事业进行不懈努力。

2008 年，应低碳经济的趋势，深圳市宗兴环保科技有限公司开发了新的项目《减碳技术咨询服务》，服务近百家企业。项目包括评估减碳空间、实施减碳措施、评价减碳效果和形成减碳报告等。

2008 年 7 月，G8 峰会上八国表示将寻求与《联合国气候变化框架公约》的其他签约方一道，共同达成到 2050 年把全球温室气体排放减少 50％的长期目标。

2008 年"两会"上，全国政协委员吴晓青将"低碳经济"提到议题上来。他认为，中国能否在未来几十年里走到世界发展的前列，很大程度上取决于中国应对低碳经济发展调整的能力，中国必须尽快采取行动积极应对这种严峻的挑战。他建议应尽快发展低碳经济，并着手开展技术攻关和试点研究。

2009 年 1 月，清华大学在国内率先正式成立低碳经济研究院，重点围绕低碳经济、政策及战略开展系统和深入的研究，为中国及全球经济和社会可持续发展出谋划策。

2009 年，世界 500 强企业排名第一的沃尔玛，实施了一项可持续发展计划，要求其供应商在 2009 年相对 2007 年单位产品能耗下降 7％，2012 年下降 20％。鉴于大多数供应商对达成节能目标缺乏方案，沃尔玛邀请了十几家能源服务商为供应商提供节能咨询服务，我国深圳市能博特科技有限公司受邀参与其中。

2009 年 6 月，中国社会科学院在北京发布《城市蓝皮书：中国城市发展报告（NO.2）》，指出在全球气候变化的大背景下，发展低碳经济正在成为各级部门决策者的共识。节能减排，促进低碳经济发展，既是救治全球气候变暖的关键性方案，也是践行科学发展观的重要手段。

2009 年 9 月，胡锦涛在联合国气候变化峰会上承诺："中国将进一步把应对气候变化纳入经济社会发展规划，并继续采取强有力的措施。一是加强节能、提高能效工作，争取到 2020 年单位国内生产总值二氧化碳排放比 2005 年有显著下降。二是大力发展可再生能源和核能，争取到 2020 年非化石能源占一次能源消费比重达到 15％左右。三是大力增加森林碳汇，争取到 2020 年森林面积比 2005 年增加 4000 万公顷，森林蓄积量比 2005 年增加 13 亿立方米。四是大力发展绿色经济，积极发展低碳经济和循环经济，研发和推广气候友好技术。"

2009 年，一些以前服务对象主要面向专业市场的环保公司逐渐转型到大众市场，从事节能减排诊断服务、节能量验证，以及 ISO 14064GHG 温室效应气体排放量盘查、减排和验证等服务。

2010 年 3 月 11 日，中国国际经济合作学会杨金贵在《北京财经周刊》发表文章《2010，以低碳经济为核心的产业革命来临》，指出：一场以低碳经济为核心的产业革命已经出现，低碳经济不但是未来世界经济发展结构的大方向，更已成为全球经济新的支柱之一，也是我国占据世界经济竞争制高点的关键。

2010 年 3 月，生态环保、可持续发展成为"两会"的主题，全国政协"一号提案"内

容就是谈低碳环保。

温家宝政府工作报告指出，国际金融危机正在催生新的科技革命和产业革命。发展战略性新兴产业，抢占经济科技制高点，决定国家的未来，必须抓住机遇，明确重点，有所作为。要大力发展新能源、新材料、节能环保、生物医药、信息网络和高端制造产业。

2010年后，各大国际会议都不约而同地开始关注地球"健康"，以及探索绿色经济和低碳经济；而且，以保护地球为目的的"地球一小时"和"世界地球日"活动也吸引着越来越多的世界城市和人们参与。

▶ 第二节　发展低碳经济的意义、途径及面临的挑战

一、发展低碳经济的意义

低碳经济是以低能耗、低污染、低排放为基础的经济模式，是人类社会继农业文明、工业文明之后的又一次重大进步。低碳经济实质是能源高效利用、清洁能源开发和追求绿色GDP的问题，核心是能源技术和减排技术创新、产业结构和制度创新以及人类生存发展观念的根本性转变。发展低碳经济具有以下意义。

（一）发展低碳经济是我国可持续发展的内在要求

我们不能再以资源、能源的高消耗和环境的重污染来换取一时的经济增长了。如果还把GDP作为发展的全部，还以廉价资源或出口退税换取GDP，如果口袋里的钱多了，但生存的环境恶化了，空气变脏了，水变黑了，就与发展的本意背离了，就与科学发展观的本质要求相悖了。

发展低碳经济更多的是转变发展方式，减轻单位GDP的资源和环境代价，通过向自然资源投资来恢复和扩大资源存量，运用生态学原理设计工艺与产业流程来提高资源效率，使发展的成果更好地为人民所共享。

（二）发展低碳经济是我国优化能源结构的可行措施

煤多、油少和气不足的资源条件，决定了在未来相当长的一段时间内，煤炭仍将是我国主要的一次性能源。发展低碳经济，可以加快我国洁净煤技术的研究与开发，继续发挥煤炭能源的作用，保障石油供应安全，大力发展水电与核电，加快发展太阳能、风能与生物质能等新能源，充分支持海洋能、核聚变能等未来新型能源的研究与开发，从而建立可持续发展的能源体系。

（三）发展低碳经济是调整产业结构的重要途径

发展低碳经济不仅可促进我国能源结构的调整，还可促进产业结构的调整。在我国工业行业中，冶金、化工和建材等高耗能工业，产值不足工业产值的20%，但能源消耗却超过工业用能总量的60%。发展低碳经济，可通过技术创新、产业转型，淘汰高投入、高耗能、高污染、低效益产业，抑制过剩产业，大力发展低能耗、低污染、高效益的战略性新兴产业。

（四）发展低碳经济是我国实现跨越式发展的可能路径

我国技术水平参差不齐，研发和创新能力有限。这是我们不得不面对的现实，也是我国由"高碳"经济向"低碳"转型的最大挑战。近年来，我国可再生能源开发利用产业呈快速增加之势。如果加大投入，大力发展低碳经济，我国可以实现这个领域的跨越式发展。

（五）发展低碳经济是我国开展国际合作，参与国际"游戏规则"制定的途径

虽然我国工业化享有全球化、制度安排、技术革命等后发优势，但我们不得不接受发达国家主导的国际规则，不得不在国际分工体系中处于利润"微笑曲线"的下端。发展低碳经济，不仅可以与发达国家共同开发相关技术，还可以直接参与新的国际游戏规则的讨论和制定，从而有利于我国的中长期发展和长治久安。

二、发展低碳经济的重要途径

低碳经济的理想形态是充分发展"阳光经济""风能经济""氢能经济""生态经济"和"生物质能经济"。

但现阶段这些新型的能源技术都还不成熟，表现在：太阳能发电的成本是煤电水电的5～10倍；一些地区风能发电价格高于煤电水电；作为二次能源的氢能，目前离商业化应用目标还很远；以大量消耗粮食和油料作物为代价的生物燃料开发，一定程度上引发了粮食、肉类和食用油价格的上涨。

从世界范围看，预计到2030年太阳能发电只达到世界电力供应的10%。因此，在"碳素燃料文明时代"向"太阳能文明时代"（风能、生物质能都是太阳能的转换形态）过渡的未来几十年里，"低碳经济"和"低碳生活"的重要含义之一，就是节约化石能源的消耗，为新能源的普及利用提供时间保障。特别是从中国能源结构看，低碳意味节能，低碳经济就是以低能耗低污染为基础的经济。

"戒除嗜好！面向低碳经济"的环境日主题提示人们，"低碳经济"不仅意味着制造业要加快淘汰高能耗、高污染的落后生产力，推进节能减排的科技创新，而且意味着引导公众反思哪些习以为常的消费模式和生活方式是浪费能源、增排污染的不良嗜好，从而充分发掘服务业和消费领域中节能减排的巨大潜力。

因此，转向低碳经济、低碳生活方式的重要途径之一，是戒除以高耗能源为代价的"便利消费"嗜好。"便利"是现代商业营销和消费生活中流行的价值观。不少便利消费方式在人们不经意中浪费着巨大的能源。

比如，据制冷技术专家估算，超市电耗70%用于冷柜，而敞开式冷柜电耗比玻璃门冰柜高出20%。由此推算，一家中型超市敞开式冷柜一年多耗约4.8万度电，相当于多耗约19吨标准煤，多排放约48吨二氧化碳，多耗约19万升净水。

转向低碳经济、低碳生活方式的重要途径之二，是以"关联型节能环保意识"代替使用"一次性"用品的消费嗜好。

无节制地使用塑料袋，是多年来人们盛行"一次性"用品消费最典型的嗜好之一。要使戒除这一嗜好成为人们的自觉行为，单让公众理解"限塑"意义在于遏制白色污染

是不够的。其实"限塑"的意义还在于节约塑料的来源——石油资源及减排二氧化碳。这是一种"关联型"节能环保意识。

据中国科技部《全民节能减排手册》计算,全国减少10%的塑料袋,可节省生产塑料袋的能耗约1.2万吨标准煤,减排31万吨二氧化碳。

关联型环保意识不仅能引导公众明白"限塑就是节油节能",也引导公众觉悟到"节水也是节能"(即节约城市制水、供水的电能耗),觉悟到改变使用"一次性"用品的消费嗜好与节能、减少碳排放和应对气候变化的关系。

转向低碳经济、低碳生活方式的重要途径之三,是戒除以大量消耗能源、大量排放温室气体为代价的"面子消费"和"奢侈消费"的嗜好。

目前全国车市销量增长最快的是豪华车。与此相对照,不少发达国家都愿意使用小排量汽车。提倡低碳生活方式,并不反对汽车进入家庭,而是提倡有节制地使用私家车。日本私家车普及率达80%,但出行并不完全依赖私家车。在东京地区私家车一般年行使3000~5000 km,而上海私家车一般年行使1.8万千米。

由于人们将"现代化生活方式"的含义片面理解为"更多地享受电气化、自动化提供的便利",导致日常生活越来越依赖于高能耗的动力技术系统,往往几百米的短程或几层楼的阶梯,都要靠机动车和电梯代步。

此外,人们的膳食越来越多地消费以多耗能源、多排温室气体为代价生产的畜禽肉类、油脂等高热量食物,导致肥胖发病率也随之升高。而城市中一些减肥群体又嗜好在耗费电力的人工环境,如在空调健身房内、电动跑步机上进行瘦身消费,其环境代价是增排温室气体。

转向低碳经济、低碳生活方式的重要途径之四,是全面加强以低碳饮食为主导的科学膳食平衡。

低碳饮食,就是低碳水化合物,主要注重限制碳水化合物的消耗量,增加蛋白质和脂肪的摄入量。

目前我国国民的日常饮食,是以大米小麦等粮食作物为主的生产形式和"南米北面"的饮食结构。而低碳饮食可以控制人体血糖的剧烈变化,从而提高人体的抗氧化能力,抑制自由基的产生,长期坚持还会有保持体型、强健体魄、预防疾病和减缓衰老等益处。

由于目前我国国民的认知能力和接受程度有限,不能立即转变,因此,低碳饮食将会是一个长期的、艰巨的工作。相信随着人民大众普遍认知水平的提高,低碳饮食将会改变国人的饮食习惯和生活方式。

除了以上几点外,转向低碳经济、低碳生活的方式还要取决于很多细微之处。这"细微之处"不仅包括制造业、建筑业等许多节能技术改进的细节,也包括日常生活习惯中的许多节能细节。

对于世界第一人口大国来说,每个人生活习惯中浪费能源和碳排放的数量看似微小,一旦以众多人口乘数计算,就是巨大的数量。

推行低碳经济,一方面需要政府主导,包括制定长远战略,出台鼓励科技创新、节能减排和可再生能源使用的政策，以及对相关产业施行减免税收、财政补贴、政府采购和绿色信贷等措施，从而引领和助推低碳经济发展。另一方面也需要企业认清方向自觉跟进，促进低碳经济发展的"集体行动"。只有更多企业改变目前的被动状态，自觉跟进低碳经济的发展步伐，低碳经济转换才有现实的基础和未来的希望。

三、发展低碳经济面临的挑战

在全球气候变暖的背景下，以低能耗、低污染为基础的低碳经济成为全球热点。欧美发达国家正大力推进低碳经济，着力发展低碳技术，并对产业、能源、技术和贸易等政策进行重大调整，以抢占先机和产业制高点。低碳经济的争夺战，已在全球悄然打响，这对中国是压力，也是挑战。

挑战之一：工业化、城市化、现代化加快推进的中国，正处在能源需求快速增长阶段，大规模基础设施建设不可能停止。此外，长期贫穷落后的中国，以全面小康为追求，致力于改善和提高 14 亿人民的生活水平和生活质量，必然带来能源消费的持续增长。

因此，怎样既确保人民生活水平不断提升，又不重复西方发达国家以牺牲环境为代价谋发展的老路，是中国必须面对的难题。

挑战之二："富煤、少气、缺油"的资源条件，决定了目前我国能源结构以煤为主，低碳能源资源的选择有限。

据计算，每燃烧一吨煤炭会产生 4.12 吨的二氧化碳气体，比石油和天然气每吨多 30％和 70％。而在我国电力结构中，水电只占 20％左右，火电则高达 77％以上，"高碳"占绝对的统治地位。据估算，未来 20 年我国能源部门电力投资将达 1.8 万亿美元，其中火电的大规模发展对环境的威胁，不可忽视。

挑战之三：我国经济的主体是第二产业，这决定了能源消费的主要部门是工业，而工业生产技术水平落后，又加重了我国经济的高碳特征。

资料显示，1993—2005 年，我国工业能源消费年均增长 5.8％，工业能源消费占能源消费总量约 70％。采掘、钢铁、建材水泥、电力等高耗能工业行业，2005 年能源消费量占了工业能源消费的 64.4％。因此，调整经济结构，提升工业生产技术和能源利用水平，是一个重大课题。

挑战之四：作为发展中国家，我国经济由"高碳"向"低碳"转变的最大制约，是整体科技水平落后，技术研发能力有限。

尽管《联合国气候变化框架公约》规定，发达国家有义务向发展中国家提供技术转让，但实际情况与之相去甚远，我国不得不主要依靠商业渠道引进技术。据估计，以 2006 年的 GDP 计算，我国由高碳经济向低碳经济转变，年需资金 250 亿美元。这样一个巨额投入，显然是尚不富裕的发展中中国的沉重负担。

▶第三节　建设资源节约型社会的必要性和重要性

一、建设资源节约型社会是经济发展的必然选择

资源节约和综合利用是减少污染物排放、改善环境、促进经济可持续发展的有效途径。

我国废弃物的排放水平大大高于发达国家，每增加一个单位 GDP 的废水排放量比发达国家高出 4 倍，单位工业产值产生的固体废弃物比发达国家高 10 多倍。

污染物排放量与资源利用率高低密切相关，节约资源，就可以减少污染物排放。据测算，我国能源利用率若能达到世界先进水平，每年可减少 3 亿吨标准煤的消耗，这将使大气环境的质量得到极大改善。我国固体废弃物综合利用率若提高 1 个百分点，每年就可减少约 1000 万吨废弃物的排放。

可持续发展不仅要求控制污染物排放，更迫切要求环境保护模式由传统的"末端治理"向"预防为主和源头控制"为主的清洁生产转变。通过资源节约，实施清洁生产，可以有效地防治污染，促进可持续发展。

这里强调的资源节约不是提倡节制资源消费，而是要反对资源浪费，减少经济社会发展的单位资源消耗，在社会经济大幅度提高的同时使得资源消耗没有大幅度的增长，强调社会全面发展而不是简单的经济增长。

二、建设资源节约型社会有利于缓解经济发展的资源瓶颈制约

人口众多、资源相对不足、环境承载能力较弱是我国的基本国情。目前，我国水、土地、能源和矿产等资源不足的矛盾日益显现，已经对人民生活、工农业生产与经济社会发展产生了严重的制约。

今后一个时期，人口还要增长，人均资源占有量少的矛盾将更加突出，资源短缺成为制约我国经济发展的瓶颈。这种基本国情，决定了我国必须走建设资源节约型社会的道路。

长期以来，我国实行粗放型经济增长方式，依靠耗费大量资源来加快经济发展，经济总量虽然在不断扩大，但经济效益并不理想。与国际先进水平相比，目前我国的资源利用率要低 20％～30％，单位产品耗能则高 40％。建立节约型社会，提高资源利用率，减少资源消耗，有助于缓解经济发展的资源瓶颈制约。

此外，节约资源还是提高经济增长的质量和效益，促进经济增长方式转变，增强企业竞争力的重要措施。

加入 WTO 后，我国企业面临更加激烈的竞争局面。企业要生存和发展，就必须转变增长方式，大力开展资源节约和综合利用，降低成本，提高经济效益以增强竞争力。据调查，我国工业产品能源、原材料的消耗占企业生产成本的 75％左右，若降低一个百分点就能取得 100 多亿元的效益。

三、建设资源节约型社会有利于保障全面建设小康社会

我国政府提出到 2020 年全面建设小康社会的奋斗目标，今后将是我国城镇化、工业化和现代化进程加速推进的重要时期。

在这一阶段，经济规模将进一步扩大，工业化将不断推进，居民消费结构将逐步升级，从而导致资源需求快速增长，资源供需矛盾和环境压力越来越大。解决这些问题的根本出路在于节约资源，发展循环经济。

资源节约是发展循环经济的内在要求和必由之路。循环经济是以资源的有效利用和循环利用为基本特征的经济发展模式，它是相对于传统经济而言的。

传统经济是以"资源—产品—废弃物—污染物排放"单向流动为基本特征的线性经济发展模式，表现为"两高一低"，即高消耗、低利用、高污染，是不利于可持续发展的模式。而循环经济是以"资源—产品—再生资源—产品"为特征的经济发展模式，表现为"两低两高"，即低消耗、低污染、高利用率和高循环率，使资源得到充分、合理、有效的利用。

循环经济可把经济活动对自然环境的影响降低到尽可能小的程度，从而更好地保护环境，并以尽可能小的成本获得尽可能大的经济效益和环境效益，是符合可持续发展原则的经济发展模式。

20 世纪 90 年代以来，循环经济与知识经济被认为是国际上两个重要的发展趋势。循环经济作为一种新的、符合可持续发展理念的经济模式，在一些发达国家取得了明显成效。

目前，全世界钢产量的 1/3、铜产量的 1/2、纸制品的 1/3 来自于循环使用。水的循环利用更为普遍，一些发达国家在某些产业中，水资源的消耗已达到零增长，甚至实现了负增长。

循环经济作为一种新的发展模式，是在传统经济的资本循环、劳动力循环的基础上，强调自然资源的循环利用。循环经济的原则是"减量化、再使用、可循环、再制造"。发展循环经济的基本途径包括推行清洁生产，综合利用资源，建设生态工业园区，开展再生资源回收利用，发展绿色产业和促进绿色消费等。

因此，大力发展循环经济，建设资源节约型社会可以从根本上改变我国资源过度消耗和环境污染严重的局面，是我国实现可持续发展战略的必然选择，是走新型工业化道路的重要途径，也是实现全面建设小康社会宏伟目标的重要保障。

四、建设资源节约型社会有利于确保国家安全

近年来，我国石油、铜、铁矿石等一些重要矿产资源的进口依赖度都超过了 70%。过多依赖进口资源，不仅会耗费大量资金，而且会加剧国际市场供求矛盾，带来一系列经济、政治、外交方面的问题。因此，建设资源节约型社会，控制和降低对国外资源的依赖程度，实质上是关系到国家经济安全和国防安全的一个重大战略决策和长远战略方针，具有重要意义。

▶第四节　中国建设节约型社会的历史、现状与任务

一、中国建设节约型社会的历史演变过程

(一)勤俭节约是民族特性与文化传统

勤俭节约是中华民族的优良传统，是世代相传的精神财富，也是民族百折不挠、生生不息的力量源泉。俗话说，"勤以立志，俭可养德"，勤劳俭朴是中华民族最基本、最突出的传统美德。

勤劳俭朴不仅是一种生活方式，更是一种人生态度、价值取向和价值观念。在我国社会发展的各个时期，勤劳俭朴都作为一种被社会普遍认同的传统美德，得到倡导、保持和发扬。这也是中华民族延绵五千年至今仍保持蓬勃活力的重要因素。

(二)资源节约和环境保护思想的演替

1. 国家领导人对浪费和节约问题的重视

浪费和节约问题既是民众普遍关心的问题，更是党和国家领导人长期关注的问题。

土地革命时期，毛泽东指出："财政的支出，应该根据节省的方针。"抗日战争时，他说："任何地方，必须十分爱惜人力物力，决不可顾一时，滥用浪费。"解放战争中，他指出："严禁破坏任何公私生产资料和浪费生活资料，禁止大吃大喝，注意节约。"

中华人民共和国成立后，毛泽东提出了"增加生产，厉行节约"的口号。1957年2月，他把"厉行节约，反对浪费"又作为"一个勤俭建国的方针"提了出来。毛泽东提出的勤俭节约的思想，对防止奢侈浪费，保证我国战胜当时的经济困难，推动经济工作的顺利开展，起到了巨大的作用。

1980年1月，邓小平在《目前的形势和任务》的报告中指出："最大的问题还是要杜绝各种浪费。"1989年6月，邓小平同志又指出："各方面的浪费现象在蔓延。"

2001年10月，朱镕基指出："经济和社会生活中还存在许多不可忽视的矛盾和问题"，"奢侈浪费行为相当严重"就是其中之一。

2002年11月，江泽民在党的"十六大"的报告中指出："铺张浪费行为相当严重。"

2004年3月，温家宝在政府工作报告中指出："必须切实转变经济增长方式，各行各业都要杜绝浪费，降低消耗，提高资源利用效率，形成有利于节约资源的生产模式和消费方式，建设资源节约型社会。"

2005年7月，胡锦涛指出："要在经济社会发展的指导思想上真正体现建设节约型国民经济体系和节约型社会的原则，广泛推行节约型的生产方式和消费模式，大力发展循环经济，使勤俭节约在全社会蔚然成风。"

"光盘行动"成为近年民众广泛推崇的反对铺张浪费、珍惜粮食、厉行节约的群众性活动。2020年8月，习近平做出重要指示强调，要坚决制止餐馆浪费行为切实培养节约习惯，在全社会营造浪费可耻、节约为荣的氛围。

2. 节约型社会思想的提出

早在 20 世纪 60 年代，中国科学院的专家就提出了加强合理利用和保护自然资源的思想，强调保持自然资源与社会需求之间平衡的理念。

1972 年，联合国在瑞典首都斯德哥尔摩召开了第一次人类环境会议，我国政府派代表参加了这次会议。1973 年，我国成立了国务院环境保护领导小组办公室。

我国实行改革开放的早期，随着经济的发展，资源被无序利用，生态环境遭到严重破坏，资源和环境总体形势严峻。中国科学院周立三院士曾用"掠夺资源的经营方式"来形容我国当时的经济发展模式，提出要变粗放经营为集约经营的理念，使我们对节约、可持续发展的认识有了逐步提高。

3. 节约型社会思想的发展与成熟

中国科学院国情分析研究小组在 20 世纪 80 年代中期开始对我国国情进行系统研究，发布了一系列国情研究报告。在这些报告中，提出中国的人口资源、环境、经济要协调发展，要走非传统的现代化道路，建立资源节约型国民经济体系，通过开源与节约相结合，大力开发人力资源，解决人口过多和资源相对紧缺的矛盾。

其中，《开源与节约》报告提出了建设资源节约型国民经济的四个体系，系统地勾勒出"节约型社会"的基本框架：以节地、节水为中心的集约化农业生产体系，以节能、节材为中心的节约型工业生产体系，以节约运力为中心的节约型综合运输体系以及以适度消费、勤俭节约为特征的生活服务体系。

1994 年，我国政府发表了《中国 21 世纪议程——中国 21 世纪人口、环境与发展白皮书》，提出"促进经济、社会、资源、环境以及人口、教育相互协调、可持续发展"的总体战略和政策措施。

2002 年，我国政府发表了《中华人民共和国可持续发展国家报告》，系统阐述了经济、社会与环境的相互关系，提出了一个综合性、长期和渐进的实施可持续发展的战略框架。

2004 年年初，我中国政府正式提出要"建设节约型社会"，目的是通过转变经济增长方式等措施，从根本上解决全面建设小康社会面临的资源和环境压力，保障经济社会的持续、协调和健康发展。

2005 年年初，我国政府进一步提出"构建和谐社会"的设想，目的是保障我国经济更加发展，民主更加健全，社会更加和谐。

我们应当清楚地认识到，"节约"的内涵随着历史进程的变化也在不断地丰富和演进：在农业社会中，节约主要针对危及生存的资源，如水、粮食和土地，所谓"一粥一饭，当思来处不易；半丝半缕，恒念物力维艰"就是明证。

到了工业社会，节约除了针对危及生存的资源外，更重要的是针对危及发展的资源，尤其是能源、水资源、土地资源、生物资源、气候资源和矿产资源，而且节约的重要性和急迫性被提到了一个新高度。

到了信息社会，资源节约进一步扩大到人力资源的节约、行政资源的节约、文化资源的节约、景观资源的节约乃至数据资源的节约。由此可见，节约型社会是具有广

阔内容和长远意义的建设目标。

上述一系列变迁说明，我国政府的发展观在发生质的变化，由以 GDP 增长为主要发展目标，逐渐转变到以人口、环境、资源、社会、经济和谐发展的总体目标。我国的可持续发展内涵在与时俱进地深化和拓展，一条具有中国特色的建设节约型社会之路初见端倪。

(三)节约型社会——21世纪的必然选择

建设节约型社会是我国在21世纪的必然选择，主要体现在以下几点。

1. 我国当前发展阶段的制约是建立节约型社会的基本前提

传统的经济史把工业化发展划分为三个阶段：第一阶段(18世纪60年代—19世纪中期)开启了工业规模化，使人类进入蒸汽时代；第二阶段(19世纪中期—20世纪中期)使人类进入电气时代；后工业化阶段(20世纪中期至今)使人类进入信息化时代和生物工程时代。

工业发展的第二个阶段主要以汽车、钢铁、能源、化工和机电等重工业的发展带动经济的发展，资源消耗大，对环境的破坏大。

按照工业发展的阶段论，我国正处在工业化第二阶段并同时兼有后工业化阶段的某些特征，工业化的许多任务尚未完成。目前我国产业结构的基本特征是以机电装备工业和重化工业为主导，这些产业资源依赖性强、能源消耗大。

我们必须完成工业化第二阶段的任务，进而步入后工业化阶段，这是一个难以逾越的经济发展过程。因此，我们应该树立可持续发展的理念，通过建设节约型社会，才有可能走出靠对资源的高消耗、高污染换来经济高增长的误区，实现经济的健康发展。

2. 我国经济增长方式粗放是建立节约型社会的紧迫性压力

当前，我国经济增长方式还是粗放型的，是靠生产总量的扩张和对资源、能源的高度消耗换来的高增长。

我们要实现2020年国内生产总值比2000年翻两番的目标，必须从根本上转变传统经济增长方式，努力走出一条科技含量高、经济效益好、资源消耗低、环境污染少、人力资源得到充分发挥的新型工业化道路。

我国"十一五"规划提出经济增长方式应由粗放型转变成节约型，从外延型转变成内涵型，从速度数量型转变成质量效益型。经济增长方式的转变对我国来讲已十分迫切。

3. 我国资源的瓶颈是建立节约型社会的现实性需求

如前所述，我国的资源并不富有，虽然总量上地大物博，但人均资源上是贫国，远远低于世界平均值。另外，资源的运输环节和使用环节浪费也很大。由于资源的短缺和大量浪费，加剧了资源和能源在供需关系上的矛盾。

我们必须认识到我国将来最大的危机可能是能源危机，我国将来最大的进口量也是资源和能源，如果我们现在不能未雨绸缪，增强忧患意识，将来有可能产生严重的社会经济危机，甚至导致经济发展的中断。所以，建立节约型社会是我国当前社会的历史必然。

4. 经济全球化中的大国责任是建立节约型社会的必然趋势

加入 WTO 之后，我国加快了经济全球化的进程，并充分利用资源密集和劳动力密集的优势，成为全球的制造业大国。当前，我国生产的传统制造业产品几乎覆盖全球，到处都是"中国制造"，我国已成为名副其实的"世界工厂"。

但制造业的资源依赖性非常强，这就必然加大对资源的需求。在这种形势下，我们一方面要加大出口，拉动经济，另一方面要节约资源，发展循环经济，这是现实理性的客观选择。

总之，我国经济社会发展进入了新的历史阶段，中央明确提出加快建设节约型社会，就是要把提高资源利用效率，减少污染物排放贯彻到社会经济的各个方面，保障经济社会的可持续发展。

二、我国建设节约型社会的现状与问题

(一)创建节约型社会的着眼点和突破口——经济结构调整缓慢

经济结构是创建节约型社会的着眼点和突破口。当前，我国的经济结构相比以前虽然有了较大的改进，但调整依然缓慢。

1. 产业结构调整

改革开放以来，随着工业化和城市化进程的加快，我国产业结构发生了深刻的变化，基本符合世界产业结构演变的一般规律和我国经济发展的基本要求：第一产业比重下降，第二产业、第三产业比重上升；国民经济总量增长主要由第一产业、第二产业增长开始转变为由第二产业、第三产业带动。

我国经济结构调整虽然取得了长足进步，但我国产业结构演变的非均衡性特征较为突出，存在的问题和不足仍然很多，主要表现在：①产业结构仍需进一步"纠偏"；②地区产业结构不平衡；③经济体制改革步伐影响了产业结构的调整升级；④农村城市化进程缓慢制约了产业结构调整升级的步伐。

2. 就业结构调整

劳动力就业结构虽然因为国家的不同而呈现出较大的差异，但是其基本趋势是劳动力从第一产业向第二、第三产业等非农业部门转移，并且随着经济的发展，又会出现劳动力由第二产业向第三产业转移的现象。

但在我国经济发展过程中，就业结构仍然存在问题，主要表现在：①与相同经济发展阶段的其他国家相比，我国的三个产业结构偏差大于其他国家，并且随着人均 GDP 的增长，偏差越来越大；②我国结构偏差随经济的发展趋向均衡的速度慢于其他国家。

3. 投资结构调整

(1)投资产业结构调整。

目前，我国第一产业投资占全国同期投资总额的比例很小。第二产业虽然增长势头比较强劲，但投资主要集中在钢铁、水泥、电解铝和房地产等行业，与此相反，符合新型工业化要求的投资却增长缓慢。第三产业的投资增长也比较缓慢，第三产业的增

长速度仍长期低于 GDP 的增速。

（2）投资地区结构调整。

我国投资地区结构仍偏重于东部地区。地区投资结构反映了社会投资的空间格局，是决定生产力布局的基本因素，投资地区结构的不平衡，极大地影响了地区社会经济的发展，而地区经济的发展又反过来对投资结构产生进一步的影响。两者的相互制约和相互促进对于一个地区，进而对国家的经济布局与经济发展起着重要的作用。

（二）资源利用效率低，资源节约具有很大潜力

1. 用水结构不合理，用水效率有待提高

目前，我国水资源存在用水结构不合理，农业用水量过大，以及循环利用率低等缺点，节水空间仍然很大。

我国农业用水近几年比前几年稍有下降，但仍占据总用水量的大部分。农业用水量占据各省用水总量的约 60%，西部的有些干旱省份的农业用水量甚至占据总用水量的 90% 以上，可见应把节水重点放在农业用水上，特别是水资源供需矛盾尖锐的北方地区，应建立以节水为中心的节约型农业体系。

节水的核心是提高水资源的利用效率，尤其是提高水资源循环利用率。由于改进了节水技术和提高了人们的节水意识，我国近几年的用水效率不断提高，但仍低于很多经济发达国家，节水空间仍然很大。

2. 土地利用模式粗放，需要集约用地和深度开发

由于生态退耕、灾害损毁、建设占用等原因，我国耕地正不断减少。随着工业化、城市化步伐的加快，用地矛盾将更加尖锐。耕地资源的减少影响了我国的粮食安全和经济社会的可持续发展，因此需要集约用地。

3. 能耗水平高，需要提高能源利用效率

由于能源消耗的快速增长导致了国内能源供给紧张，环境污染加剧，能源成了我国经济社会可持续发展的瓶颈之一。所以，要保持我国经济的持续、稳定、高速发展，必须控制能源消耗增长速度，提高能源利用效率。

从能源节约现状上看，我国能源开发与节约工作取得重大进展，能源效率有所提高。但我国重工业的比重近些年快速增长，虽然从主要高耗能产品的单耗来看，产品能耗在逐渐下降，但工业能源消耗总量还在提高。

总之，我国不合理的产业结构、高耗能工业的过度发展，造成了经济增长对能源的过分依赖。同时，重点用能行业、重点装置的能效水平仍然偏低，提高能源利用效率还有很大的余地。

4. 原材料利用效率低，需要加强原材料消耗管理

目前我国的原材料利用效率低，浪费严重，矿产供需矛盾突出。所以，在今后的工业化过程中，必须通过提高原材料使用效率和改善对矿产品的需求结构来缓解我国矿产资源供需矛盾。

节约原材料，提高原材料利用效率，需加强重点行业原材料消耗管理，严格设计、施工、生产等技术标准和材料消耗核算制度。此外，还需要提倡使用再生材料，提高

原材料利用率；推行木材节约代用；大力节约包装材料，解决社会反映强烈的食品和生活用品等过度包装问题；大力推广散装水泥等。

（三）资源综合利用存在问题，加剧资源环境矛盾

资源综合利用主要是指在矿产资源开采过程中对共生、伴生矿进行综合开发与合理利用；对生产过程中产生的废渣、废水（液）、废气、余热余压等进行回收和合理利用；对社会生产和消费过程中产生的各种废物进行回收和再生利用。我国资源综合利用存在的问题主要包括以下几方面。

1. 资源综合利用总体水平低

我国共、伴生矿产资源综合利用率不足 20%，矿产资源总回收率约 30%，而国外先进水平均在 50% 以上，差距分别为 30 个和 20 个百分点。

在品种上，我国综合利用的矿种只占可以开展综合利用矿种总数的 50% 左右。在数量上，我国铜、铅、锌矿产伴生金属冶炼回收率平均为 50% 左右，而发达国家平均在 80% 以上，相差 30 个百分点左右。

2. 乱采滥挖严重

我国长期以来对矿业进行粗放式经营，矿山企业盲目开采，对共（伴）生矿物不利用或利用率很低，采富弃贫的现象十分普遍。更为严重的是，一些小企业无证违规经营，进行破坏性开采，导致了严重的资源浪费。

3. 生产技术落后，导致综合利用困难

我国目前还有许多小矿采用最原始的手工挖矿的采矿方法。在国有企业中，工艺落后的现象也很严重。例如，我国国有重点煤矿采煤机械化程度比世界主要采煤国低 20%。

生产技术的落后直接导致了资源开发过程中废物产出多，综合利用困难。据统计，全国金属矿山尾矿存量已超过 50 亿吨，每年新增尾矿排放量约 3 亿吨，而尾矿的综合利用率很低。

4. 导致严重的环境问题

一个地区的矿产开发必然会影响这个地区的生态环境，主要是对地形地貌的破坏和"三废"的排放。前者会造成严重的地质灾害，地表下沉，滑坡和泥石流等，后者则会对大气、江河、农田造成污染，而且会占用大量耕地。

当矿产资源综合利用水平低的时候，对当地生态环境造成的破坏将更大，且治理起来比较困难。

（四）利用国外资源不尽合理，资源替代进展缓慢

除了以上提到的几点外，合理利用国外资源，加强资源、能源和原材料的替代也是建设节约型社会过程中必须加以重视的重要环节。

近年来尽管我国利用国外资源的比重不断增加，但仍主要停留在国际现货贸易上。这种利用方式在国外的资源供过于求时是可取的，但当世界经济快速发展，或相关资源短缺时，则会因需大于供而引起资源价格的飞涨，甚至出现供应中断，从而给经济带来不可估量的损失。

因此，我们应加强研究，增加国家急需的国外资源勘查开发投入，改变目前不甚合理的国外资源利用方式和结构。

至于资源替代方面，我国由于技术、经济和政策等多方面的原因，对相应产品，如可再生能源的开发和利用一直进展缓慢。尽管在近阶段，资源的替代在总体上无法很快产生显著的效果，但为保证资源、能源的可持续供应，寻找和利用新的替代资源具有非常重要的战略意义。

三、我国建设节约型社会的政策与任务

(一)目前建设节约型社会的制度安排与政策

1. 法律法规——构建节约型社会的有力保障

我国目前建设节约型社会的法制环境还没有形成，相对于发达国家，我国在法律法规方面还不完善。例如，日本是一个能源相对匮乏的国家，日本政府早在1979年就已通过立法来促使企业提高能源使用效率。

虽然自1986年以来，国务院各部委和各省、直辖市、自治区相继出台了上百部关于节约能源，提高能源利用效率的法规和规章，国家有关机构还根据我国的实际情况制定了各种有利于节约资源、能源的产业政策和节能的中长期规划，但有法不依，执法不严的现象严重，同时配套法规也不完善，操作性上有待改进。至今我国资源利用效率的总水平没有得到显著提高，严重浪费资源、能源的现象仍然随处可见。

2. 管理体制——节约型社会高效运作的关键

由于资源节约和环境保护涉及部门多，管理对象分散，原来计划经济体制下形成的管理体系已不适应新形势的要求，必须建立适应市场经济体制要求的管理新机制。以节能为例，国外普遍采用的综合资源规划、电力需求管理、合同能源管理、能效标志管理、自愿协议等管理新机制，在我国还没有广泛推行或者还处于试点和探索阶段。

此外，我国资源监管和服务机构能力建设滞后，监管内容、监管方式等还有待进一步完善。全国节能监测(技术服务)中心，绝大部分受政府委托开展节能执法监督和监测。多数节能监测机构监测装备落后，信息缺乏，人才短缺，整体实力不强。

3. 激励政策——构建节约型社会的必要条件

我国目前已经在探索对节约资源和能源方面的激励政策。例如，国务院相继发布了《关于推进水价改革促进节约用水保护水资源的通知》《节能产品政府采购实施意见》《资源综合利用目录(2003年修订)》和《进一步做好禁止使用实心黏土砖工作的意见》等。

为了加大节能的激励政策，政府正在研究制定鼓励生产和使用节能产品的税收政策以及节能型建筑的经济政策，研究制定鼓励生产和使用低油耗、小排量车辆的财税政策，调整高能耗产品的进出口政策。

此外，我国正逐步加大公共财政对政府机构节能改造的支持力度，逐步扩大对节能产品实施政府采购的范围；正深入能源价格改革，形成有利于节能、提高能效的价格机制，尤其重点推进电价、热价和天然气价格的改革。

(二)建设节约型社会的任务

1. 完善相关的制度和政策

建设节约型社会，必须加大相关立法和制度完善的步伐。在制定新法的同时，必须着手变革现行的相关法律制度和管理制度，使其从保障传统生活与发展模式迅速过渡到维护新型生活与发展模式上来。

2. 调整价值观，重塑节约文化

建设节约型社会，应树立一种全面的生态系统价值观念，这种价值观就是"生产力再发达，人类也不能违背自然生态法则"，强调"生产经营活动与自然环境的互补共生"，以"实现改善生态与价值增值的统一"。

在建设节约型社会的过程中，应倡导合理、适度、科学和文明的绿色消费和价值观。

例如，应改变消费者只是社会弱者的陈旧观念，改变消费者权益保护法只为消费者赋予权利而不为其设定义务的模式，通过激励和惩罚机制促使消费者抛弃贪大、求全、奢侈和浪费的消费习惯，选择与节约型社会相适应的简约、科学、适度、不危害生态环境、不妨碍后代利益的消费方式，并鼓励消费者优先购买经过生态设计与环境认证的生活、办公用品，最终使生态观念形成习惯。

3. 转变经济增长方式

要加快建设节约型社会，就要加快转变经济增长方式，促进经济发展与人口、资源和环境相协调。

(1)要实现由"资源—产品—废弃物"的单向式直线过程向"资源—产品—废弃物—再生资源"的反馈式循环过程转变，使经济增长建立在经济结构优化、科技含量提高、国民素质增强、质量效益提高的基础上，并逐步形成"低投入、高产出、低消耗、少排放、能循环、可持续"的经济增长方式。

(2)要注重用高新技术改造传统产业，追求技术水平最高、付出成本最低、环境污染最小的产业模式，从而实现用最优投入和产出组合构成的经济总量。

4. 立足国内，综合推进

缓解我国资源能源与经济社会发展的制约，必须立足国内，提高资源能源利用效率。

(1)要坚决实行"开发和节约并举、把节约放在首位"的方针，鼓励开发和应用节能降耗的新技术，对高能耗、高物耗的设备和产品实行强制淘汰制度。

(2)要抓紧制定专项规划，明确各行业节能降耗的标准、目标和政策措施；抓好重点行业的节能、节水和节材工作；鼓励发展节能环保型汽车、节能省地型住宅和公共建筑。

(3)要探索发展循环经济。从资源开采、生产消耗、废弃物利用和社会消费等环节，加快推进资源综合利用和循环利用，并积极开发替代资源、新能源和可再生能源。

(4)要加强矿产资源开发管理，整顿和规范矿产资源开发秩序，完善资源开发利用补偿机制和生态补偿机制。

（5）要大力倡导节约能源资源的生产方式和消费方式，在全社会形成节约意识和风气，加快建设节约型社会。

第五节　建设资源节约型社会的措施

一、健全管理体制，形成良性治理结构

（一）转变政府职能，形成科学决策机制

（1）必须转变政府职能，按照社会主义市场经济体制的要求构建自律、高效的管理体制。在具体做法上，一是正确处理政府、市场和社会之间的关系，确定政府的合理职能。二是精简机构，科学地规定部门的职能范围，做到"责、权、利"相一致。三是按照"依法、公平、透明、及时"的原则，加强能力建设，加强资源、环境、健康、公共安全、服务等方面的社会性管制。

（2）建立科学、民主的决策体制。要不断完善重大经济社会问题的科学化、民主化、规范化决策程序，按照温家宝同志提出的"没有经过充分的调研论证不决策，没有两个以上的比较方案不决策，没有经过专家学者的论证不决策"。

此外，要不断完善专家咨询制度和政务公开制度，建立对行政权力的制约和监督机制；不断完善重大事项的报告制度、问责制度、评估制度和政府规章备案审查制度。

（二）建立节约型政府

政府在建设节约型社会中的作用主要有两个方面：一是建立有利于节约型社会建设的制度环境；二是自身垂范。只有从建立制度和自身垂范方面着手，才能在最大程度上实现社会性节约，才能形成自我运行和不断完善的社会性节约机制。

（三）发挥市场配置资源的基础性作用

最大限度地发挥市场在资源配置中的基础性作用，这是节约资源、提高资源利用效率和效益的关键。要做到这一点，需要推动能源、资源产业的市场化改革，完善产权制度，建立符合市场化改革要求的现代管制制度。只有明晰产权，才能最大限度地发挥资源效益，做到物尽其用。

企业是建立节约型社会的主力军，应从自身利益和社会长远利益出发，增加科技投入，积极开发应用新技术、新工艺、新设计、新材料，不断提高劳动生产率和资源利用效率；应通过加强管理，减少跑冒滴漏；应通过变粗放经营为集约经营，实现内涵式扩大再生产，走专业化和社会化相结合的路子。

此外，还要按照建立现代企业制度的要求，建立和健全全面资源节约管理制度，完善考核制度，坚持节约奖励，浪费惩罚，并在原料、生产、产品、消费、废弃物处置的各个环节实行严格的资源消耗和污染物控制指标，形成资源节约的管理运行机制。

（四）利用中介组织等社会力量

在政府的部分职能剥离出去之后，必须有相应的组织来承担，这就需要发挥各类社会中介机构的作用。

中介机构应该是建立节约型社会的推动力量，有义务通过组织开展资源节约现场会、专题研讨会、经验交流会、成果展示会和人员培训等，以培育和发展节能、节水技术服务体系，为企业提供节能、节水技术服务。

此外，中介机构应动员各行各业大力节约降耗，并通过建立和完善信息发布制度，及时发布各类资源节约信息，为企业和社会提供全方位信息服务。

二、制定战略规划，促进优先有序发展

要优先制定建设资源节约型社会的发展战略和各项规划，明确目标和战略重点，通过转变增长方式和调整产业结构，积极发展生态农业、生态工业和现代服务业，组织实施重点行业、重点领域、重点城市和地区的循环经济试点示范，优先推进清洁生产和资源综合利用，在全社会大力发展有利于提高资源利用效率、减少污染物排放的可持续生产和消费模式，走上生产发展、生活富裕、生态良好的文明发展之路。

三、完善激励政策，综合推进节约环保

加强政府在资源环境领域的公共管理职能，是国际社会的通行做法，即使完全市场化的国家也不例外。

我国存在大量的资源浪费严重、产业结构趋同、增长方式粗放、低水平重复建设等问题，与现行财税金融体制和投资体制不完善有关。

因此，要建设资源节约型社会，需要建立健全经济政策，形成资源节约和高效利用的激励政策和约束机制；需要运用经济杠杆调节市场行为，形成资源节约和环境友好的生产模式和消费模式。

(一)加大资源定价机制和环境成本内在化的改革力度

资源产权制度和定价机制的改革，是我国经济体制改革中非常关键而又最难推动的环节。能源及原材料是国民经济的基础产业，其价格改革影响范围广，波及产业链长，为避免过早触动价格"神经"，国家采取了对资源及其产品价格不进行全面改革，而采取逐步微调的渐进式改革方式。

价格改革的不彻底，必然影响市场配置资源基础性作用的发挥，不仅无法产生足够的刺激作用，还会带来下游产品价格的波动，导致资源产品相对价格更加失调，价格不能成为企业提高资源利用效率的驱动力，起不到价格杠杆应有的作用。因此，应形成科学的定价机制，用价格杠杆调节资源的利用。

(二)研究环境产权制度，将环境成本内在化

应将环境外部成本纳入价格体系，建立国家生态补偿专项基金，充分提高现有生态补偿资金的使用效率。

(三)将资源节约和环境友好作为公共政策设计的基础

应完善有利于节约资源的财税政策，并运用价格杠杆，促进节能、节水、节材和资源综合利用工作的开展。此外，还需要调整完善进出口税收政策以及完善消费政策。

(四)进行新的税制框架设计，促进节约型的生产和消费

应在现行税制下，加大对污染产品消费的征税力度，设立污染产品消费税税目，并确定若干个环境影响比较大的、税基也大的产品进行试点，以及为引进污染产品消费税提供技术支持。

(1)增加对浪费资源和污染环境的产业征税，如增设煤炭资源消费税税目，并根据煤炭污染品质确定消费税税额。

(2)对于危害健康和污染环境的消费品，如香烟征收消费税和附加税，或者提高征收税额。

(3)对于奢侈品、高档消费品和高消费行为应当加大征税，而且税率从高。对小轿车、摩托车和助动自行车征收消费税。为缓和城市交通拥挤，减少汽车尾气排放和交通噪声，要整体考虑汽车、交通的财税政策，按照新的政策环境设计税费体系，综合反映道路使用、节能和环保等要求。

(4)大幅度地提高耕地占用税的税额，真正起到保护耕地的作用。为了有效保护湿地，对占用湿地的开发者征收高税额的湿地资源税。把农村非农业用地也列入征税范围，按低税率征收。此外，城建税作为一个独立的税种，应该有自己独立的税基。

四、依靠科技创新，不断提高竞争实力

建设节约型社会，必须依靠科技进步和自主创新。要将建设节约型社会的科技研发纳入国家中长期科技计划，加大支持力度；要支持一批节能、节水、清洁生产和资源综合利用的重点技术开发、改造项目；要推广空调节电技术和绿色照明，降低高峰用电负荷；要在高耗能行业推广能量系统优化技术。

此外，要重点组织开发有重大推广意义的技术，特别是降低再利用成本的技术，从而突破建设节约型社会与发展循环经济的技术瓶颈；要实施科教兴国战略，加快国家创新体系建设，大力发展先进和实用技术，促进科技资源高效配置和综合集成。

五、加强制度建设，建立长效保障机制

(一)建立健全法规体系，约束浪费式的消费行为

我国在资源节约和综合利用，特别是再生资源回收利用方面的法规建设仍然是薄弱环节，还没有形成促进节约型社会建设的法律框架，有时候甚至无法可依。例如，一些法律的内容已不适应社会主义市场经济体制日臻完善的形势要求，需要修订；一些法律的原则性较强，可操作性较差；一些法律的执行力度不够，检查监督不到位，使法律法规失去本身的严肃性。

因此，应从我国基本国情出发，从资源开发利用的实际出发，以减少资源浪费、提高资源利用率为重点，抓住关键环节和发展重点，制定形成以《中华人民共和国清洁生产促进法》《中华人民共和国节约能源法》《中华人民共和国可再生能源法》《中华人民共和国水法》《中华人民共和国矿产资源法》《中华人民共和国固体废物污染环境防治法》《中华人民共和国水污染防治法》等法律法规为框架的节约型社会法规体系，并不断加

以完善。

（二）根据形势发展需要，修订完善相关的标准体系

应建立完善的资源节约和环境友好的标准体系。在完善工业节能标准时，应特别重视建筑和交通节能的标准制定工作。在节水标准方面，应修订节水型城市考核标准和雨水利用标准，完善重点用水行业取水定额标准。

（三）建立监管制度，加大执法力度

要建立资源节约监督管理制度，并将相应的标准体现到设计中，从设计的源头入手，推进资源节约和环境保护工作的开展；要强化高耗能、高耗水的落后工艺、技术和设备的强制淘汰制度。

此外，要加大执法力度，加强执法监督检查；要建立能源、资源审计制度，构成社会性管理的新框架；要进一步规范和强化执法，依法查处破坏资源、浪费资源的犯罪行为；要依法打击腐败对资源领域的侵蚀和破坏；要依法对节水、节能、节约各种资源实行有效管理，逐步把建设节约型社会纳入法制化、规范化和科学化的轨道。

六、重塑节约文化，奠定新的文明基础

建设节约型社会，不仅要依靠科技"硬实力"的增强，更主要的还是依靠法律、政策、管理等促进节约型社会建设的"软实力"的提升，而要保证这些"软实力"的实施，更深层次的是要创造"软实力"生存的文化氛围。因此，重塑节约型文化就成为建设节约型社会的根本性措施。

重塑节约型文化，首先要构建新的价值观，培养现代生态伦理思想。其次要发扬中华民族的优良传统。自古以来，中华民族一直以节俭为值得彰扬的美德，"勿以恶小而为之，勿以善小而不为"。再次要重视文化氛围和观念的培养。

总之，建设节约型社会是全社会的共同责任，需要全社会的力量积极参与。

>>> **思考题**

1. 怎样理解建设节约型社会的必要性和重要性？
2. 什么是循环经济？如何理解我国发展循环经济的意义？
3. 如何理解我国建设节约型社会的长远目标？
4. 如何建立起具有中国特色的可持续消费体系？结合大学生实际情况，如何确立可持续消费观？

第六章 "两山理论"

▶ 第一节 "两山理论"的提出

一、"两山"理论提出的时代背景

改革开放以来，我国坚持以经济建设为中心，取得了举世瞩目的成就。但有的地方采取掠夺式的发展方式，不考虑环境承受能力，唯 GDP 论英雄，导致资源利用率低下，造成一些难以恢复的生态环境问题，如水土流失、土地沙化等问题比较突出。另外，大气污染也十分严重，近些年，包括首都北京在内，多地持续遭遇雾霾袭击，PM2.5 严重超标。习近平总书记指出："我们在生态环境方面欠账太多了，如果不从现在起就把这项工作紧紧抓起来，将来会付出更大的代价。"

2005 年 8 月 15 日，时任浙江省委书记的习近平到安吉考察时指出："我们过去讲，既要绿水青山，又要金山银山。其实，绿水青山就是金山银山。"并在浙江日报《之江新语》发表《绿水青山也是金山银山》的评论："如果把生态环境优势转化为生态农业、生态工业、生态旅游等生态经济的优势，那么绿水青山也就变成了金山银山"。2013 年 9 月 7 日，在哈萨克斯坦纳扎尔巴耶夫大学发表演讲回答学生问题时，习近平指出："我们既要绿水青山，也要金山银山。宁要绿水青山，不要金山银山，而且绿水青山就是金山银山。"

二、"两山"理论体现了马克思主义的哲学思想

"两山"理论继承和发展了马克思主义发展观。马克思主义强调要正确处理社会系统与自然系统的关系，人在发挥自己的主观能动性去改造自然的同时，必须以尊重自然界的客观规律为前提。2013 年 5 月 24 日，习近平在中央政治局第六次集体学习时指出，"要正确处理好经济发展同生态环境保护的关系，牢固树立保护生态环境就是保护生产力、改善生态环境就是发展生产力的理念"。"环境就是民生，青山就是美丽，蓝天也是幸福。要像保护眼睛一样保护生态环境，像对待生命一样对待生态环境，把不损害生态环境作为发展的底线。"这些论述都充分体现了尊重自然规律、谋求人与自然和谐发展的理念。2015 年 11 月，习近平在党的十八届五中全会明确提出"创新、协调、绿色、开放、共享"的发展理念，进一步丰富和发展了马克思主义发展观。

"两山"理论深刻体现了辩证统一的哲学思想。从我国经济社会发展过程来看，怎样处理好经济发展与环境保护之间的关系，经历了一个曲折的过程。一些地方政府最先实行的是"先增长后治污"模式，发展高能耗、高污染行业，结果造成环境的巨大破坏，这种发展模式显然是不可持续的。后来，有的地方政府又走向另一个极端，重保

护，轻发展，虽然环境好了，但经济发展水平很低，人民群众也不满意。这两种做法实际上都割裂了可持续与发展之间的关系，显然是错误的。习近平在主政浙江时提出的"绿水青山就是金山银山"则是辩证地看待"绿水青山"和"金山银山"之间的关系，透彻地指出了如何妥善地处理发展中人与自然的关系，也就是只要在经济发展过程中遵循环境保护的基本原则，就能形成良性循环。

▶ 第二节 "两山理论"的重大意义

一、"两山"理论是从区域性实践和探索到全党全国普遍认同的理论

"两山"理论首先是在浙江省进行的区域性实践和探索。在"两山"理论的指导下，浙江省既努力保持经济社会持续较快发展，又坚持不懈地抓生态文明建设，相继提出了"绿色浙江""生态浙江"和"美丽浙江"等战略目标，形成了符合区域实际的资源节约型和环境友好型的空间格局、产业结构、生产方式，从而为保证浙江区域的生态环境总体质量在全国持续名列前茅做出了积极贡献，为中国走上绿色发展道路树立了现实典范，为建设"美丽中国"提供了实践依据。"绿色浙江""生态浙江"和"美丽浙江"这三大战略从不同层面集中体现了"绿水青山就是金山银山"这一绿色发展的富有创新的"两山"理论，这三者是一脉相承的、层层递进的、互为一体的，它是浙江省生态文明建设的脉络和发展方向的体现，是浙江省生态文明建设探索和实践的重要结晶。

具体而言，绿色浙江建设、生态浙江建设、美丽浙江建设等是"两山"理论在浙江省生态文明建设领域不同时期的有效载体和集中体现。其中，绿色发展的初步想法和努力方向蕴含在"绿色浙江"之中，生态立省的路径选择和目标归宿蕴含在"生态浙江"之中，生态文明建设的宏观思路和整体思考则蕴含在"美丽浙江"之中。从逻辑递进的关系来考察，绿色浙江建设是生态文明建设在浙江的萌芽，"生态浙江"建设是生态文明建设在浙江的发展，"美丽浙江"建设是生态文明建设在浙江的升华。"绿色浙江""生态浙江"和"美丽浙江"都取得了建设新成就，这对浙江省建设生态文明、实现可持续发展具有重要的现实意义。更重要的是，这些富有浙江特色的响亮口号和生动实践为生态文明建设目标——"美丽中国"的提出提供了鲜活的依据，奠定了坚实的基础。正因为"两山"理论在浙江省的区域性实践和探索中获得了巨大成功，取得了可供借鉴的经验，所以，在此基础上，"两山"理论最终逐步成为普遍认同的绿色发展新理念。

2012年，党的十八大报告首次深刻论述了生态文明，而且把"美丽中国"作为未来生态文明建设的宏伟目标："建设生态文明，是关系人民福祉、关乎民族未来的长远大计。面对资源约束趋紧、环境污染严重、生态系统退化的严峻形势，必须树立尊重自然、顺应自然、保护自然的生态文明理念，把生态文明建设放在突出地位，融入经济建设、政治建设、文化建设、社会建设各方面和全过程，努力建设美丽中国，实现中华民族永续发展。"并强调："我们一定要更加珍爱自然，更加积极地保护生态，努力走向社会主义生态文明新时代。"这其实是作为区域性实践和探索的"两山"理论在中国的

普同性发展，"两山"理论已经得到全党的普遍认同。全党已经认识到，要建设"美丽中国"，实现真正的国富民强，就必须在"两山"理论的指引下，切实守住"绿水青山"。2013年，习近平同志对"两山"理论的深刻内涵做了进一步的深化，"我们既要绿水青山，也要金山银山。宁要绿水青山，不要金山银山，而且绿水青山就是金山银山。"这生动形象表达了我们党和政府大力推进生态文明建设的鲜明态度和坚定决心。由此可见，"两山"理论已经从一种区域性实践和探索发展到全党的普遍认同，已经从在中国的普同性发展到开始在世界发挥影响。

2015年10月29日，中国共产党第十八届中央委员会第五次全体会议通过的《中共中央关于制定国民经济和社会发展第十三个五年规划的建议》指出："实现'十三五'时期发展目标，破解发展难题，厚植发展优势，必须牢固树立创新、协调、绿色、开放、共享的发展理念。"党的十八届五中全会聚焦"十三五"规划，提出了创新发展、协调发展、绿色发展、开放发展、共享发展的五大发展理念，进一步回答了实现"什么样的发展，怎么发展"这一建设中国特色社会主义的核心问题。五大发展理念是马克思主义关于发展的理论的最新成果，是对包括科学发展观在内的诸多发展理论的继承与创新，是为了破解中国发展难题而提出来的。《人民日报》在2015年11月4日理论版就五大发展理念刊发文章指出："'五大发展理念'是全面建成小康社会决胜纲领的灵魂。理念在理论、纲领、规划等中居于灵魂地位，具有统摄作用。'五大发展理念'是我们党治国理政尤其是关于发展的新理念，是全面建成小康社会的新理念，也是贯彻《中共中央关于制定国民经济和社会发展第十三个五年规划的建议》的新理念，成为这份决战决胜全面建成小康社会的纲领性文件的灵魂，使这份十分重要、内容丰富的文件有魂有体、魂体相符、魂强体健，使文件各部分成为有机统一体，具有很强的思想性、战略性、前瞻性和指导性。"

作为五大发展理念之一的绿色发展理念，其实就是从区域性实践和探索的"两山"理论发展而来的，"两山"理论是对绿色发展的形象概括，绿色发展是对"两山"理论的理论升华，"两山理论"升华为绿色发展，已经成为全党认同、全民认同的普同性发展的理论。恩格斯指出："不要过分陶醉于我们对自然界的胜利。对于每一次这样的胜利，自然界都报复了我们。""我们对自然界的整个统治，是在于我们比其他一切动物强，能够认识和正确运用自然规律。""两山"理论之所以能够从一种区域性实践和探索的理论发展为全党普遍认同的理论，是因为它看待人类与自然的关系，不是孤立的、静止的、消极的，而是把保护生态环境与发展经济进行了深刻地、辩证地、统一地认识，"两山"理论刷新了把保护生态环境与发展生产力、发展经济对立起来的僵化思维。毫无疑问，无论是农业社会，还是工业社会，还是后工业社会，社会生产力发展和经济发展必须要有良好的生态环境。从这个角度讲，"两山"理论从区域性实践和探索的理论发展为全党普遍认同的理论，充分体现了我党对自然规律和社会规律辩证统一的深刻认识，充分体现了我党对马克思主义自然观与社会历史观辩证统一的深刻认识。

二、"两山"理论回答了什么是绿色发展

"两山"理论为加快推进我国生态文明建设提供了重要的指导思想，为我国各族人民牢固树立尊重自然、顺应自然、保护自然的生态文明理念提供了重要的理论依据，回答了什么是绿色发展。"两山"理论关于什么是绿色发展新理念的思想是丰富的，是成体系的，主要包括绿色发展新理念、绿色财富新理念与绿色幸福新理念。

"两山"理论所蕴含的绿色发展新理念，核心思想是实现经济发展与生态环境保护互动双赢，人类的发展不仅要发展好经济而且要保护好生态环境，要努力做到在发展经济的同时保护好生态环境，在保护生态环境的同时发展好经济。人与自然和谐共处是生态文明的核心，正确处理好经济发展和生态环境保护的关系是生态文明建设必须解决的一个根本问题。习近平总书记提出的"两山"理论，以通俗易懂的语言，贴切形象的比喻，揭示了丰富深邃的思想：经济发展和生态环境保护的辩证统一关系。

关于对经济发展和生态环境保护的辩证统一关系的认识，习近平同志早在2006年3月23日的《浙江日报》"之江新语"专栏发表的《从"两座山"看生态环境》一文中就说得十分清楚："这'两座山'之间是有矛盾的，但又可以辩证统一。可以说，在实践中对这'两座山'之间关系的认识经过了三个阶段：第一个阶段是用绿水青山去换金山银山，不考虑或者很少考虑环境的承载能力，一味索取资源。第二个阶段是既要金山银山，但是也要保住绿水青山，这时候经济发展和资源匮乏、环境恶化之间的矛盾开始凸显出来，人们意识到环境是我们生存发展的根本，要留得青山在，才能有柴烧。第三个阶段是认识到绿水青山可以源源不断地带来金山银山，绿水青山本身就是金山银山，我们种的常青树就是摇钱树，生态优势变成经济优势，形成了一种浑然一体、和谐统一的关系，这一阶段是一种更高的境界，体现了科学发展观的要求，体现了发展循环经济、建设资源节约型和环境友好型社会的理念。以上这三个阶段，是经济增长方式转变的过程，是发展观念不断进步的过程，也是人和自然关系不断调整、趋向和谐的过程。"

习近平总书记关于"两山"理论最完整的表述是在2013年9月7日。"我们既要绿水青山，也要金山银山。宁要绿水青山，不要金山银山，而且绿水青山就是金山银山。"这正是对绿色发展新理念的最准确、最完整的阐述。

从习近平总书记的上述阐述可以清楚地认识到"两山"理论所蕴含的绿色发展新理念包含了三个层次的思想内涵。

第一，绿色发展新理念的基本要求是"既要绿水青山，又要金山银山"。也就是既要保护好生态环境，又要发展好经济，二者缺一不可。这实际上是对传统发展观的一种反思，传统发展观的做法是为获得金山银山而牺牲绿水青山，也就是说人们在发展之初，主张一切为发展让路，简单地用绿水青山去换金山银山，只要金山银山，只要经济发展，为了发展经济而不要绿水青山，不去过多考虑资源环境承载能力，造成了资源约束趋紧、环境污染严重、生态系统退化等严重问题。"既要绿水青山，又要金山银山"实质上也是对只要金山银山不要绿水青山那种"先污染后治理"的做法的一种

挑战。

第二，绿色发展新理念的基本原则是"宁要绿水青山，不要金山银山"。也就是说在处理保护好生态环境和发展好经济这对矛盾的关系时，如果暂时出现不可兼得的特定条件下的困难，必须把保护好生态环境放在优先位置，决不能以牺牲生态环境去换取一时的经济发展。这实质上是对传统发展观出现的宁要金山银山不要绿水青山现象和导致的破坏生态环境的恶果的有力批判。

第三，绿色发展新理念的最高境界是"绿水青山就是金山银山"。也就是说，要善于把生态优势转化为经济优势，这是绿色发展新理念的努力方向，这就要求各地都要从实际出发，因地制宜地选择好适于当地发展的生态产业，在发展生态产业中谋求经济发展。科学发展的实践已经启示人们，破坏生态环境就是破坏生产力，保护生态环境就是保护生产力，改善生态环境就是改善生产力，人们在践行科学发展观的过程中，越来越清醒地认识到绿水青山就是金山银山，可以源源不断带来财富，生态优势可以变成经济优势、发展优势。

"两山"理论所蕴含的绿色发展新理念也包含着绿色财富新理念。这种绿色财富新理念超越了那种只有金钱才是财富、只有人造资产才是财富的狭隘的财富理念，绿色财富新理念认为自然资源、生态环境也是财富，而且是更具基础性和本源性的财富，所以，特别强调确保"生态安全"是人们追求金钱、创造财富全过程的前提条件。这种绿色财富新理念，包含了如下基本内涵。

第一，人类的财富包括自然资源、生态环境。绿水青山本身就是金山银山。从生态学原理的视角来考察，良好的自然生态系统必须是具有"绿水青山"的生态系统，这样的生态系统本身就是有价值的，它对人类有着良好的服务功能。生态系统对人类的服务功能是多方面的，有形的服务和无形的服务是并存的；直接的产品和间接的产品是并存的；物质产品和生态产品是并存的；经济功能、生态功能和文化功能也是并存的；现实的功能和潜在的功能是并存的；可以量化的价值与不可量化的价值也是并存的……这些不胜枚举的生态系统对人类的服务功能，都是人类生存发展所必需的，这本身就有价值。所以自然资源、生态环境也是财富。

第二，自然资源和自然价值是一切财富的源泉。谁也不敢否定，自然资源和自然价值比金钱和人造资产更具有基础性和本源性的属性，如果没有了自然资源和自然生态系统，人类社会的一切"财富"都将枯竭。人类追求的财富绝对不是无本之木、无源之水的财富，人们在追求金钱、创造财富的全过程中都必须牢牢守住"生态安全"的底线。当出现生态环境保护和物质财富创造二者发生矛盾、冲突的特定情况时，一定要坚信"绿水青山可带来金山银山，但金山银山却买不到绿水青山"的道理，要坚持"生态优先"的原则，切实做到把保护和优化生态环境放在首位，因为环境是我们生存发展的根本，决不要再走"先破坏后修复""先污染后治理"的老路，再不要做竭泽而渔的蠢事：用牺牲绿水青山的方式去换取金山银山。这种以生态安全为前提的绿色财富新理念，是绿色发展的必然要求。

第三，绿水青山在一定条件下可以转化为金山银山。也就是"生态优势可以转化为经济优势"。所谓"条件",就是指人类的财富包括自然资源、生态环境这一绿色财富新理念必须得到大众认同,自然资源和自然价值是一切财富的源泉这一绿色财富新理念必须得到大众认同。但最根本的一条是决策者要转变观念,要牢固树立自然资本和自然价值理念,广大干部群众尤其是各级领导干部要牢固树立自然资本和自然价值理念。使绿水青山转化为金山银山,就必须坚持从实际出发,因地制宜,找准保护生态环境和发展经济的结合点与切入点,要选择好适合于当地发展的生态产业,要结合当地实际有选择性地发展生态工业、生态农业、生态林业、生态渔业、生态旅游业、生态服务业等,从而把生态优势转化为经济优势,把绿水青山转化为金山银山,把生态美与百姓富有机统一起来。

"两山"理论所蕴含的绿色发展新理念也包含着绿色幸福新理念。习近平总书记指出:"建设生态文明是关系人民福祉、关乎民族未来的大计,是实现中华民族伟大复兴中国梦的重要内容。""保护自然环境就是保护人类,建设生态文明就是造福人类。"由此可见人民的福祉不仅仅限于生产发展、生活富裕,生态良好也是人民的福祉。"两山"理论所包含着的绿色幸福新理念就是要努力使人民群众既能享有丰富的物质文化产品,又能享有良好的生存环境和生态产品,真正实现百姓富与生态美的统一。

这种绿色幸福新理念包含如下基本内涵。

第一,增进人民福祉必然要求"既要金山银山""又要绿水青山"。"既要金山银山",就是不断满足人民群众对丰富多样的物质文化生活的需求。"又要绿水青山",就是不断满足人民群众对天蓝、地绿、水静等人类赖以生存繁衍的良好生态环境和生态产品的需求。百姓富与生态美的有机统一就是人民的福祉。事实上,良好的生态环境有利于提升老百姓的幸福感,反过来又能更好地激发人民群众投身经济建设的积极性。实现经济发展与生态环境保护的良性循环就是增进人民的福祉。

第二,良好的生态环境是最普惠的民生福祉。"良好生态环境是最公平的公共产品,是最普惠的民生福祉。"也就是说保护生态环境是我们党和国家要追求的最广大人民群众的幸福。而且这种幸福又是和全面建成小康社会的奋斗目标紧密联系在一起的。

第三,决不能以牺牲后代人的幸福为代价换取当代人的所谓富足。也就是说"两山"理论蕴含的绿色幸福新理念充分体现了"代际公平"原则的可持续发展的幸福理念。"两山"理论要求不仅要为当代全体中国人谋福祉,还要为子孙后代谋福祉,决不能为了当代中国人的所谓"富足"而牺牲后代中国人的幸福,不能"吃了祖宗饭、断了子孙路"。

三、"两山"理论回答了怎样实现绿色发展

"两山"理论不仅回答了什么是绿色发展,而且也回答了怎样实现绿色发展。"两山"理论是从区域性实践和探索到全党普遍认同的理论,它从如下几个方面回答了怎样实现绿色发展。

第一,要确立绿色生产力新理念。确立绿色生产力新理念就是要深刻认识自然资源和生态环境的生产力属性。"二〇一三年五月,习近平总书记在中央政治局第六次集

体学习时指出：'要正确处理好经济发展同生态环境保护的关系，牢固树立保护生态环境就是保护生产力，改善生态环境就是发展生产力的理念。'这一重要论述，深刻阐明了生态环境与生产力之间的关系，是对生产力理论的重大发展，饱含着尊重自然、谋求人与自然和谐发展的价值理念和发展理念。""我们只有更加重视生态环境这一生产力的要素，更加尊重自然生态的发展规律，保护和利用好生态环境，才能更好地发展生产力，在更高层次上实现人与自然的和谐。"生产力和生产力要素是马克思主义经济理论基本范畴。大家知道，经典经济学一般是把自然资源作为生产力要素，而并不把生态环境作为生产力要素，这就导致一个观念偏向的错误，那就是一味地为了GDP（"金山银山"）增长，而不考虑甚至破坏"绿水青山"这一生态环境生产力要素。"两山"理论把生态环境作为与自然资源一样重要的生产力要素来认识，把生态环境作为生产力发展的动力因素来认识，从而确立生态环境生产力理念，确立绿色生产力新理念，这就发展了马克思主义生产力理论。确立绿色生产力新理念是实现绿色发展的理论基础。

第二，要确立绿色财富生产新理念。确立绿色财富生产新理念，就是要深刻认识生态环境使用价值多重性和财富属性。习近平总书记对以牺牲环境为代价推动经济增长的行为是持强力反对态度的。他在浙江主政时就指出："绿水青山可带来金山银山，但金山银山却买不到绿水青山。绿水青山与金山银山既会产生矛盾，又可辩证统一。""生态资源是最宝贵的资源，绿水青山就是金山银山。"这些言简意赅的论断深刻阐明了生态环境使用价值多重性和财富属性，在此基础上，清晰地阐明了"财富绿色生产"和"生产绿色财富"的辩证统一关系，也就是"金山银山"绿色生产和生产绿色"金山银山"的辩证统一性。正是因为自然生态环境具有使用价值多重性，所以自然生态环境不仅能够满足人们的生存需要，而且能够满足人们的享受和人文需要，同时还可以满足人们的财富生产需要。无论是哪一种需要的满足，它都是社会财富存量形态，都具有开发的机会成本。传统的财富生产是把GDP作为财富形态来生产"金山银山"，这样就破坏或减损了生态环境的使用价值多样性和绿色财富存量，结果是这种单向度的、一元型的财富生产方式可能使财富总量减损，因为它不能促进生态环境财富＋GDP财富的社会总财富的增长。人们越来越清醒地认识到这种财富生产方式是低效的、不全面的、不可持续的。但"两山"理论充分认识到了"绿水青山"使用价值多重性以及绿色财富属性，在这种绿色发展新理念指导下，在发展经济增长GDP财富形态开发、生产的时候，就会自觉地保护"绿水青山"。

只有实施生态环境财富的投资与生产，才能增长生态环境财富GDP财富总量，也才能真正实现"绿水青山就是金山银山"的最佳境界。确立财富绿色生产和生产绿色财富的新理念，就是确立绿色生产方式新理念，这是运用和发展马克思主义生产方式理论取得的成果，对实现绿色发展具有指导意义。

第三，要确立绿色财富再生产新理念。确立绿色财富再生产新理念，就是要深刻认识财富绿色再生产与绿色财富再生产的关系。习近平同志在主政浙江时就曾指出："坚定不移地落实科学发展观，建设人与自然和谐相处的资源节约型、环境友好型社会。在选择之中找准方向，创造条件，让绿水青山源源不断地带来金山银山。"怎样才能实现让"绿水青山源源不断地带来金山银山"？这是一个涉及再生产理论的重大问题，也就是财富绿色生产和绿色财富生产相互平衡的重大命题。按照马克思主义再生产理论，社会再生产有简单再生产和扩大再生产的区别，扩大再生产又有内涵式扩大再生产和外延式扩大再生产的区分，前者是集约式增长方式，后者是粗放式增长方式。社会再生产规律决定无论是财富生产的相互平衡还是代际平衡，都必须选择内涵式扩大再生产，都必须施行资源节约、环境友好、循环型的绿色扩大再生产方式。只有这样，才能确保"绿水青山"源源不断地再生产"金山银山"，"金山银山"又源源不断地再生产"绿水青山"，实现人与自然永续和谐。

第四，要确立绿色生产效率新理念。确立绿色生产效率新理念，就是要深刻认识人与自然和谐、经济与社会和谐关系。习近平总书记多次从"两山"理论视域阐述了人与自然和谐关系，如："我们追求人与自然的和谐，经济与社会的和谐，通俗地讲既要绿水青山，又要金山银山。""要进一步树立生态意识，深刻认识自然是人类生存的空间，是人类创造生活的舞台。自觉关爱自然、保护自然、做到既要'金山银山'，又要青山绿水，构建人与自然和谐相伴的生态文明，要有和衷共济的情志，共同创造和睦相处的美好家园。""人与自然的关系是人类社会最基本的关系。自然界是人类社会产生、存在和发展的基础和前提，人类则可以通过社会实践活动有目的地利用自然、改造自然，但人类归根结底是自然的一部分，在开发自然、利用自然的过程中，人类不能凌驾于自然之上，人类的行为方式必须符合自然规律。"

习近平总书记关于人与自然和谐关系的论述有两个重要内容必须牢记：一是人与自然之间是平等关系，即人类在与自然进行物质交换时，必须尊重自然规律，尊重生态阈限规律，尊重共存共生规律，构建人与自然的和谐关系，只有这样才能避免遭到自然规律的报复；二是环境生产力要素新理念，"我们只有更加重视生态环境这一生产力的要素，更加尊重自然生态的发展规律，保护和利用好生态环境，才能更好地发展生产力，在更高层次上实现人与自然的和谐。"从环境生产力视角理解人与自然和谐关系，这就要求在进行物质财富生产时必须尊重生态环境阈限规律，并在尊重自然规律的前提下需要更高效率地利用生态环境资源，从而体现人类需求增长规律，达到"在更高层次上实现人与自然的和谐"的最佳境界，即经济与社会的和谐。实现人与自然的和谐、经济与社会的和谐就是绿色生产效率的标志，实质是在环境生产力效率的基础上建立更高层次的人与自然和谐关系及建立经济与社会和谐关系。

第五，要以系统工程思路抓生态建设。实现绿色发展，必须要以系统工程思路抓生态建设。习近平总书记强调："环境治理是一个系统工程，必须作为重大民生实事紧紧抓在手上。要按照系统工程的思路，抓好生态文明建设重点任务的落实，切实把能源资源保障好，把环境污染治理好，把生态环境建设好，为人民群众创造良好生产生活环境。"要以系统工程思路抓生态建设，主要应抓好几个方面。一是要牢固树立生态红线的观念。"在生态环境保护问题上，就是要不能越雷池一步，否则就应该受到惩罚。"要精心研究和论证，究竟哪些要列入生态红线，如何从制度上保障生态红线，把良好生态系统尽可能保护起来。"对于生态红线全党全国要一体遵行，决不能逾越。"二

是要优化国土空间开发格局。习近平总书记强调:"国土是生态文明建设的空间载体,要按照人口资源环境相均衡、经济社会生态效益相统一的原则,统筹人口分布、经济布局、国土利用、生态环境保护,科学布局生产空间、生活空间、生态空间,给自然留下更多修复空间,给农业留下更多良田,给子孙后代留下天蓝、地绿、水净的美好家园。"三是全面促进资源节约。习近平总书记强调:"要大力节约集约利用资源,推动资源利用方式根本转变,加强全过程节约管理,大幅降低能源、水、土地消耗强度。"全面促进资源节约的关键是大力发展循环经济,促进生产、流通、消费过程的减量化、再利用、资源化。四是加大生态环境保护力度。要以解决损害群众健康突出环境问题为重点,坚持预防为主、综合治理,强化水、大气、土壤等污染防治,着力推进重点流域和区域水污染防治,着力推进颗粒物污染防治,着力推进重金属污染和土壤污染综合治理,集中力量优先解决好细颗粒物、饮用水、土壤、重金属、化学品等损害群众健康的突出问题,切实改善环境质量。

第六,要实行最严格的生态环境保护制度。实现绿色发展,必须要实行最严格的生态环境保护制度。习近平总书记指出:"只有实行最严格的制度、最严密的法治,才能为生态文明建设提供可靠保障。"必须建立系统完整的制度体系,用制度保护生态环境,推进生态文明。要完善经济社会发展考核评价体系,要把生态环境放在经济社会发展评价体系的突出位置。要建立责任追究制度,要建立健全资源生态环境管理制度。按照习近平总书记的系列讲话的要求,要健全自然资源资产产权制度和用途管制制度,加快建立国土空间开发保护制度,健全能源、水、土地节约集约使用制度,强化水、大气、土壤等污染防治制度,建立反映市场供求和资源稀缺程度、体现生态价值和代际补偿的资源有偿使用制度和生态补偿制度,健全环境损害赔偿制度,强化制度约束作用。

>>> **思考题**

1.“两山理论”的重大实践意义是什么?

2.“两山理论”所蕴含的绿色发展新理念包含了什么样的思想内涵

3. 怎样实现绿色发展?

第七章　建设绿色大学

　　绿色大学是开展绿色教育、传播绿色思想与绿色文化、培养绿色人才的教育机构，其基本职能的实现主要依赖于绿色教育的展开，正因为如此，绿色教育成为学者研究的焦点内容。那么什么是绿色教育呢？"绿色教育是创建绿色大学的伴生产物，也是环境教育发展到现代阶段产生的新概念、新事物""绿色教育是一种利用学校教育、社会教育、家庭教育、社区教育及媒体教育等方式来宣传绿色文化的活动""绿色教育就是全方位的可持续发展与环境保护意识的教育，即将可持续发展和环境保护的原则与指导思想渗入到自然科学、技术科学、人文和社会科学等综合性教学和实践环节中，使其成为全校学生的基础知识结构和综合素质培养的重要组成部分"。由以上这些概念可见，绿色教育的出现不是偶然的，它是社会、教育、文化发展到一定阶段的必然产物。虽然人们对绿色教育概念的理解与表述各异，但他们的基本思想是一致的，即从实践的角度来讲，对大学生进行绿色教育，应该成为大学教育的重要组成部分。无论其教育形式如何，这种教育的最终目标不仅是知识与技能的教育，同时也是价值观、道德观、发展观的教育。

▶第一节　绿色大学的发展概述

　　当前，大学的发展在继承传统的基础上已进入一个新的历史阶段，建设绿色大学已被提上议程。作为代表科学前沿方向和高素质人才成长摇篮的大学，仅仅开设一些环境保护和可持续发展方面的课程是不够的，大学迫切地需要开展系统全面的生态文明教育，创建绿色大学，使自身成为绿色文化、绿色人才和绿色科学技术的生产基地。应当说，绿色大学的兴起是人类环境思想转变的必然趋势，是世界各国认同、实施可持续发展战略的重要教育实践活动，也是人类走向生态文明新形态在教育领域的充分体现。

一、绿色大学的提出与发展

　　绿色大学的概念产生于20世纪90年代。西方发达国家较早开始了建设绿色大学的探索和实践。1990年10月，由美国塔夫茨大学发起，来自22个国家的大学校长在法国塔罗里（Talloires）参加"大学在环境管理和永续发展中的角色"国际研讨会，共同发起并签署了《塔罗里宣言》，对大学在新时代的角色提出了新的要求。《塔罗里宣言》指出，大学在教育、研究、政策形成与信息交换各方面，均扮演了重要的领导角色，而可以促成可持续发展目标的达成。宣言还提出了十点应该继续的工作，也促成了其后"大学领导人促进永续未来协会"的成立。可以说，《塔罗里宣言》是目前国际公认、大学推动永续发展最具指标意义的文件。截至2012年，全世界有400多所大学参与其

中，内容涉及创建生态校园，把环境问题作为研究对象，开设环境必修、选修课程，辅修学位，组织学生参加户外活动，宣传节约资源、能源活动等诸多方面。有的大学还制订了专门计划，开展具有针对性的绿色校园文化与科技研发活动。例如，美国科罗拉多州立大学研发出节能电子卡车并投入使用。

绿色大学概念产生的背景，是全球环境保护与可持续发展对高等教育提出了迫切的新要求，为了积极应对人类发展中面临的资源环境问题，大学教育的目标指向随之发生了变化。英国的大多数学校都认为，培养出的学生如果对环境问题没有责任感和危机感，那就是教育的失败。在瑞典，环境问题成为大学教育不可缺少的内容，伦德大学要求所有教育都要将环境问题纳入相关学科和研究课程中。在加拿大，滑铁卢大学 1990 年就率先开始了校园绿色化工作，成为绿色大学建设的先行者。在美国，1994 年乔治·华盛顿大学提出了绿色大学的前驱计划，深入细致地探索绿色大学建设。随着人们越来越深刻地认识到大学在环境保护和促进可持续发展方面的优势和知识主导地位，在世界范围内，越来越多的大学积极开展建设绿色大学的行动。2009 年 8 月，美国有 135 所大学参与举办绿色大学评价与排名活动，哈佛、耶鲁、麻省理工（MIT）、斯坦福、霍普金斯、华盛顿等世界著名大学都参加了评选活动。

从国内看，率先提出并开展绿色大学建设的是清华大学。1998 年，清华大学经过反复论证，把包括教育、科技、产业、校园设施 4 个方面内容的《建设"绿色大学"规划纲要》送到国家环保总局。这一规划纲要得到教育部、科技部的肯定，国家环保总局下发了《关于清华大学建设绿色大学示范工程项目的批复》，希望通过实施该项目，推动全国创建绿色大学的活动。清华大学从此开始了"创建绿色大学示范工程"的建设，并将该工程建设列为创建世界一流大学的重要内容。继其之后，我国不少高校也纷纷推进了相关的计划和项目。2004 年 2 月，中国国家环保总局的《2004 年全国环境宣传教育工作要点》提出，大力宣传人与自然和谐相处的理念，同时强调逐步建立起以教育部门为主导、环保部门相配合，共同参与创建学校环境教育体系，制定和完善符合我国国情的绿色学校指标体系的评估管理办法，以及在全国高等院校逐步开展创建绿色大学的活动。

2007 年党的十七大明确提出生态文明建设以后我国节约型校园建设初步形成态势，受到国家资助的校园建筑节能监管体系示范建设院校已超过 70 多所。然而，校园建筑能耗基线及能效评价指标体系还未建立完善，校园能效管理的制度化建设和长效机制的建立还缺乏科学的数据支撑，从节约型校园建设发展到全面建设绿色大学亟待核心引领，特别是需要推动已有成果的深化和推广、各方的合作与资源整合、政策体系与机制的研究与建设。

2011 年 5 月 30 日至 6 月 1 日，为了融汇绿色理念，建立平台创造科研与人才的合作机会，两岸三地绿色大学联盟成立活动分别在台湾"中央"大学、香港中文大学和南京大学三地举行。三校在南京大学联合签署《两岸三地绿色大学联盟协议》，共同发表《绿色大学联盟宣言》，使中国大学创建绿色大学的活动进入一个新的阶段。根据协议，绿色大学联盟将在开展绿色研究、实行绿色教育和建设绿色校园三方面展开合作，集中关注气候与环境变迁、大气与海洋遥感、绿色化学、新能源与节能、低碳经济、环境评估与优化、季风热带与亚热带环境生态季风带城市群研究等相关议题；重点针对环保教育、校园永续发展、智慧校园与虚拟校园平台、绿色服务、绿色校园等，三校每年轮流主办研讨会，讨论不同绿色主题，组建共同研究团队，结合三校特色，深化现有合作项目，并开启新的研究计划。在学生交流方面，共同举办环保交流营、短期至一学期的跨校绿色课程体验、研究生参与绿色研究计划、绿色挑战杯竞赛、绿色大使交流等活动，组织学生投身绿色校园建设、参与相关社会服务及考察体验，身体力行缔造更环保的社会。

2011年6月16日，由同济大学倡议，浙江大学、华南理工大学、江南大学、天津大学、重庆大学、山东建筑大学及香港理工大学、中国建筑设计研究院、深圳建筑科学研究院共10家单位共同发起，"中国绿色大学联盟"（CGUN）成立。联盟的宗旨是加强交流，整合资源，共享经验成果，共同为政府提供政策决策支撑，为社会提供服务，深化绿色校园建设，引领和推进中国大学绿色大学的发展。联盟的主要任务：一是加强大学间在绿色校园建设领域的合作交流；二是为国家的校园能效管理政策决策提供支撑；三是促进绿色建筑科技创新、合作研发和推广；四是培养绿色校园建设及绿色建筑能效管理领域高级人才；五是为培养绿色校园文化提供实践和示范基地；六是形成绿色校园文化，引领绿色大学发展。中国绿色大学联盟的成立表明，国内在绿色大学建设领域的交流合作逐渐广泛深入，正在形成经验共享、资源互补的平台，以引领和推进我国绿色大学建设事业的可持续发展。

二、绿色大学建设的内涵与意义

（一）绿色大学建设的内涵

所谓绿色大学建设就是围绕人的教育这一核心，将可持续发展和环境保护的原则、指导思想落实到大学的各项活动中，融入大学教育的全过程。这是目前被普遍接受的前清华大学校长王大中院士的观点。由此，绿色大学建设的内涵主要有三个层次。

1. 用绿色教育思想培养人

培养具有环境保护意识和可持续发展意识的高素质的人才，他们毕业后像绿色的种子一样播撒在世界各地，成为环境保护和实施可持续发展战略的骨干和核心力量，为生态文明建设贡献力量。这也是绿色大学建设的核心内容。

2. 用绿色科技意识开展科学研究和推进环保产业

将可持续发展和生态文明的意识贯穿到科学研究工作的各个方面和全过程，努力研发符合生态学原理的技术、工艺和设备，促进环保产业的发展，为国民经济的可持续发展服务。

3. 用绿色校园示范工程熏陶人

综合运用和展示国内外环境保护的先进技术，建立环境优美的生态校园示范区，为广大师生提供良好的工作、学习和生活环境，使之成为环境保护教育和生态文明教育的基地。

总之，建设绿色大学，首先要求大学要把自身作为一个复合生态系统进行规划、管理与经营，把生态文明的理念贯穿到教育教学、科学研究、社会服务和文化交流等职能之中，促进人类与自然、现实与未来更加和谐、健康发展。

(二)建设绿色大学的重要意义

建设绿色大学不仅是迈向生态文明时代的需要，而且是当前转变经济发展方式、建设创新型国家的需要，更是大学自身健康持续发展的需要。

1. 生态文明时代呼唤绿色大学

进入 21 世纪，人类面临的能源短缺、全球气候变暖等问题日益严重，拯救我们共同的地球家园是世界各国的神圣使命。世界正处于历史转折点，可持续发展战略已被世界各国政府推动实施，生态文明正在兴起，倡导低碳生活成为全人类共同的责任，全球正在掀起绿色浪潮，21 世纪将是一个绿色世纪。在这样的历史条件下，面对全世界环境与发展重大问题和知识经济的巨大挑战，面对建设生态文明过程中对人才和科技的迫切需求，高等教育在环境保护、转变发展方式、知识技术创新中应发挥引领作用，通过绿色大学建设为国家培养大批具有生态文明素质的复合型高级人才，这是时代发展对绿色大学的呼唤。

党的十八大提出大力推进生态文明建设。生态文明建设的实施必须依靠生态文明教育的普及，这种教育涉及生态环境、社会、经济、资源等综合学科，教育的对象除了广大公众之外，尤其主要的是各级决策者及高层次骨干人才。积极建设绿色大学、建立生态环境良性循环的校园将是推进生态文明教育的一项重要举措。

2. 高等教育改革和大学自身发展的需要

《中国 21 世纪议程》曾指出：中国目前还在沿袭传统的非持续性的发展模式。高等教育系统也不例外，改革至今依然存在以下几个方面问题：一是高等教育在一定程度上呈现出较强的功利性，在人类中心主义的惯性思维影响下，片面追求经济效益，忽视自然和环境价值；二是原有高等教育体制不合理的影响难以彻底改变，文、理、工分家现象依然存在，通识教育发展缓慢；三是符合生态文明建设需要的教学体系和教学内容改革滞后，这些问题严重制约高等教育的发展，建设绿色大学，开展生态文明教育研究是改变目前我国高等教育弊端的突破口。

在我国经济高速发展的过程中，面临严峻资源环境问题的形势下，大学也发生着改变。许多单科性的大学合并到综合性大学，综合性大学的规模变得越来越大，朝着"巨型化"方向发展，即使在一个安静的大学城，也会消耗大量的食物，并且消费金属、纸制品、燃料、水力和电力，这些都对空气、陆地和水源造成污染。大学必须认真对待自身对环境造成的影响，不仅要把校园建设得更美，更要培养适合生态文明建设要求、实现持续发展目标的大学生。

今天，大学校园已融入社会整体系统之中。依托于网络与信息技术的飞速发展，校园的辐射力不断增强，校园网建设与互联网的连接使得大学校园向更广泛的社会领域敞开大门，对社会的开放度和影响力进一步扩大，这种开放本身也是校园加强社会辐射力的前提。大学深入开展绿色课程体系改革，传授生态文明知识、提高受教育者的生态文明意识，并广泛开展相关领域的科研和国际合作，将对在全社会牢固树立生态文明观念、大力开展生态文明建设产生深远影响。

把大学办成绿色大学，使之成为绿色文化、绿色人才和绿色科学技术的生产基地。这是一场大学办学方向、路线、模式的重大革命。这场革命就是要改变传统的征服自然的教育观，改变人类至高无上的价值观和还原论的科学观，以及向自然索取最大化和单一资源利用的技术观。为此，建设绿色大学具有十分重要的意义，

三、国际绿色大学建设及其启示

（一）国际绿色大学建设

1. 欧美地区

美国与加拿大是最早实施绿色大学计划的国家。美国乔治·华盛顿大学在1994年开始进行绿色大学的前驱计划，目标是将该校建设成为全美甚至全世界的第一所绿色大学，当时，学校就成立了绿色大学推动委员会，设立专用办公室与专职行政人员，还设立六大行动委员会，分别负责学术计划、研究，公共建设与设施，环境卫生，国际议题与对外发展六大任务。学校与美国环境保护署（USEPA）建立了伙伴关系，确立绿色大学计划的七大基本指导原则，包括生态系保护、环境正义、污染预防、坚实的科学与数据基础、伙伴关系、再创大学的环境管理与运作和环境可计量性。这所大学做出的一个关键性探索是建立了评估与度量机制，即建立一个量化指标系统，以进行目标管理。

康奈尔大学的绿色校园计划强调从校长到学生，人人参与，每年至少组织学生进行一次可持续展览，同时建立相关的研究所开展科研，鼓励非学术性组织和志愿者自发从事环保活动，其相关课程和组织向全校开放。在减少污染方面，对学校生化、农业等实验室建立严格的污水排放制度；对学校基建过程中的排放进行严格管理；针对钢炉房和热电联产的排烟，学校定期检测室内空气品质；对校园内的施工单位，通过合同严格控制其噪声、渣土排放、泄漏以及对湿地的破坏。

康奈尔大学在垃圾处理方面，每年产生约4100吨垃圾，回收利用2300 t；进行绿色采购追踪固体废弃物来源和去向，最大限度回收利用；将食堂作为减少废弃物排放的重点，每年有320 t从食堂排出的残羹剩饭制成肥料。在节能方面，该校自己发电量达总用电量的16%，1980—2000年总计减少二氧化碳排放50000 t；自建的一个1900 kW小水电站满足2%的电力需求；一个联合循环热电联产电站满足14%的电力需求；光伏电池满足公交车站电力供应，同时提倡减少浪费，电脑关机。在交通管理方面，鼓励在校园内骑自行车，设自行车专用道，同时提高校内停车费，提高公共交通的可靠和便利，校园内使用免费电动汽车。

为了减少夏季的供冷能耗，该校采用湖水源供冷。即在Cayuga Lake的25 m深处取水（4℃水温），在1 m深度排水，通过板换供冷。以此计，该系统每年提供16000 t冷水供应量，可减少电力需求的10%。

哈佛大学的Harvard Green Campus Initiative备受瞩目，其可持续原则包括：一是

通过不断完善管理制度和管理体制的实践来提高可持续能力；二是通过良好的建筑设计和校园规划，来提高人们的健康水平、生产效率和安全性；三是提高校园生态系统的健康程度，促进本地植被呈现多样性；四是制定政策和发展规划时，要同时兼顾资源、经济和环境；五是鼓励在全校范围内实行环境满意度调查和管理制度的学习；六是建立可持续性的检测、汇报和逐步改进的监测机制。

加拿大的滑铁卢大学早在 1990 年 3 月就开始校园"绿色化"的工作。学校确定的绿色大学五大指导原则为觉知、效率、平等、合作和自然系统，强调着眼于社会、环境、生态与政治议题方面的全面可持续发展。这所学校绿色大学计划的另一个特色，是强调学生、教师职员的全体共同参与。

德国亚伦技术学院的绿色大学策略以环境友善的运行为核心，着重于用纸、加热、照明、用水与采购的可持续性。

英国在 1997 年由 25 所大学共同成立了"高等教育 21 委员会"（HE-21），拟定关于高等院校可持续发展的行动策略。强调环境管理系统（EMS）中的持续改善，并开发了针对环境、社会与经济的评量指标。在 HE-21 的绿色大学策略中，负责大学运作的职员被视为评量指标的重点宣教对象，必须充分了解如何做才能让大学朝着绿色大学的目标迈进。

2. 亚洲地区

（1）日本绿色大学建设。

在日本，绿色大学建设采取的措施包括硬件和软件两方面。首先，硬件措施，包括：增加照明用具的开关数量，以关闭不必要的灯光；热水器燃料从重油换为城市天然气；引入探测人的感应器；对老旧暖气管道进行维护，引入高效能的变压器。其次，软件措施，包括：在 2007 年鼓励部门附属学校获得 ISO 14000 认证，包括附属于医学院的医院，到 2009 年 5 个校区全部获得 ISO 14000 认证，强制使用发电机警报和控制系统；要求所有学生修"环境与人类"这类课程。其他大学也根据自身特点采取了减少二氧化碳排放的各种方法。根据日本京都大学的 Shinichi Sa-kai 教授 2009 年的统计，日本的 60 所大学在 2005 年至 2007 年的两年间，温室气体排放量为每年 210 万吨至 217 万吨二氧化碳，与 2005 年相比，2007 年有 33 所大学的二氧化碳排放减少，有 9 所大学连续两年减少。信州大学是降低二氧化碳排放量最成功的大学之一，两年共减少二氧化碳排放 4986 t。其中，岛根大学 2006 年比 2005 年减少了 23％的二氧化碳排放量，在这所学校，只有承诺进行环境管理相关活动的学生才有资格成为大学的环境管理领导人，而且该校也把热水器燃料从重油换为城市天然气。福井大学设置了教室的循环使用机制，并且在新建和翻新建筑物中采用了冰热存储系统，使得 2006 年比前一年减少 13.4％的排放量。山梨大学整理了环境数据并且找出不恰当之处，举行全校大会强调节约能源的重要性，并实时监控水、电、天然气的使用状况等，在 2006 年比之前减少了 11.1％的排放量。2007 年，60 所大学中共有 18 台太阳能发电机和 1 台风能发电机投入使用，佐贺大学和琉球大学获得"生态行动 21"（EA21）认证，另外有 14 所大学获得 ISO 14000 认证。

为了达到绿色大学的目标，京都大学在 2008 年设定了二氧化碳减排目标，在 5 年内一共减少 10％的排放量，每年减少 2％，通过设施的技术改进等硬件措施每年减少 1％的排放量，通过成员的节能活动等软件措施每年减少 1％的排放量。硬件措施主要通过 2008 年开始的能源服务公司计划来实施，是为两个校区共计 56908 平方米的建筑进行节能改造，包括在楼梯和大厅安装人员感应器，更新更加节能的空调等。软件措施主要通过节能活动、环境年报、实验室环境行动手册、"生态承诺"网站等进行实施。其中，节能活动包括：减少照明、减少待用电力、使用节能产品。京都大学从 2006 年开始编制环境年报，目的在于评估环境影响，加强环境管理，2007 年又出台了实验室环境行动手册，重点集中在如何减少二氧化碳排放上。"生态承诺"活动是通过网站（www.eco.kyoto-u.ac.jp）进行的，大学的全体师生都参与检视自己的环境行为，承诺参与 20 项在大学的生态行动，并且了解二氧化碳减排的潜力。

东京大学的绿色大学项目始于 2008 年 6 月，根本目的是想要通过技术手段减少二氧化碳排放，以及使电力消费更加合理。为了达到该目的，需要大量运用信息技术和信息通信技术。具体来说，不仅要节约信息技术和信息通信技术设备的电能消耗，而且要采用信息技术和信息通信技术使设备管理更加智能和高效。这些技术研发活动是从节约能源和保护环境的角度来进行的，通过这些活动帮助大学建立能源供应链管理和控制系统，而这个规模很大的校园和社区的操控核心可能只是一个人。大学中有很多管理和控制系统，如建筑系统，包含多个子系统，如空调、照明、安全和供电系统等，这些子系统都用自己供应商的技术标准，所以在各子系统间兼容性很差。实际上，综合性的管理和控制也很少用到。东京大学项目团队在多供应商环境下，研究建立必要的技术标准，解决子系统之间的测量和控制问题。它们研发精确测量分析设施运行状况的技术，并运用于现有设施，根据测量结果对现有设备进行相应的改造或者替换，以提高使用效率和运行的可靠性。

（2）韩国绿色大学建设。

韩国延世大学的 Eui-Soon Shin 教授在 2009 年的报告中指出，韩国的大学在机构能源消耗总量中占到 14％，各大学意识到了节能减排的必要性以及大学在应对气候变化中的重要作用。延世大学于 2000 年率先开展"绿色校园计划"，同年获得 ISO14001 认证，并于 2001 年成立"延世生态论坛"，在 2002 年成立可持续发展研究中心（后改名为"可持续社会中心"），2003 年发表了"Sinchon 校区生态校园发展"的研究报告，2006 年成立延世可持续发展教育区域中心，秘书处设在可持续社会中心。在 2007 年该校任命了延世大学环境办公室主任，并成立了延世绿色校园委员会。

2008 年 11 月，延世大学成立了韩国绿色校园计划协会，随后与 20 所大学的代表们签署了绿色校园计划协议，并在 2009 年 4 月与环境部合作召开会议分享绿色校园计划的实践和经验，与首尔市合作召开会议探讨城市如何与大学开展低碳和绿色发展的合作。2009 年 5 月 13 日，参加绿色校园计划的 28 位大学校长共同发布宣言，并与教育和科技部部长、环境部部长和韩国绿色校园计划协会会长一起签署了关于减少二氧化碳排放的备忘录。到 2009 年 11 月，韩国绿色校园计划协会的会员已经有 38 个。该

协会旨在通过在自然中学习和研究等方式，帮助大学处理好大学环境和自然之间的关系，最后实现校园的可持续发展。

2008 年，首尔国立大学签署了《首尔国立大学可持续发展宣言》，决定通过七种方式的实施实现首尔国立大学的可持续发展：一是校园内的减少二氧化碳排放活动；二是参与国际可持续发展活动；三是积极与当地社区合作；四是出版首尔国立大学可持续发展报告；五是支持学生关于可持续发展的研究和活动；六是促进生态校园游览项目；七是支持 ISO 14000 的管理。根据这些实践活动，首尔国立大学意识到领导力是可持续发展的关键。2010 年 5 月首尔国立大学又发起绿色领导项目，这是首尔国立大学可持续发展宣言的一部分，是与政府相关部门和一些企业合作开设的本科课程，旨在培养韩国未来的"绿色领袖"，以及为国家建立一个绿色发展框架。这个项目在 2011 年开始为 5 000 名各个专业的学生提供了 14 门课程。三星公司和 Pulmuone 食品集团公司参与支持学生的实习，并表示对参加绿色领导项目的学生优先聘用。

（3）马来西亚绿色大学建设。

马来亚大学和马来西亚理科大学是马来西亚历史最悠久而且颇负盛名的两所大学，它们都积极建设绿色校园，提倡和践行节能减排。特别要指出，马来西亚理科大学采用由内向外的方式，通过槟城可持续发展教育区域中心（RCE Penang），将绿色大学的理念推广并实施到学校所在的社区以及整个槟城地区。

在 2001 年，马来西亚理科大学开始实施"健康校园计划"，提出遵循 5 个原则：一是自愿性；二是团队合作，特别推荐多学科结合；三是多使用内部资源，如多参考校内专家意见；四是活动建立在研究基础上；五是记录所进行的活动，如出版专著。迄今为止，与此有关的专著已经有 20 多部。该计划使大学师生投入很多精力致力于与可持续发展相关的问题，从食品、交通到环境和健康等问题都取得了很大进展，这个计划也成功地激发了学校自身探索可持续发展道路的动力。

到 2002 年年底，学校又开始了绿色校园计划，相比前一个计划，该计划更加关注与可持续发展相关的资源整合与管理，学校自然与人文多样性以及学校治理结构等问题，并使学校做出可持续发展的承诺。在此期间，学校也开展了不同学科之间整合的活动，重组院系结构，强调多学科的融合。与此同时，马来西亚理科大学积极与当地社区合作，通过一些研究项目帮助当地社区开展可持续发展的活动。

马来西亚理科大学还参与联合国大学发起的可持续发展教育区域中心项目，并在 2005 年得到槟城可持续发展教育区域中心的认证，开始致力于领导槟城的可持续发展教育。他们与马来西亚自然学会、槟城消费者协会、槟城遗产基金会、槟城环境部、一些中小学等合作，通过培训、会议、项目等方式促进槟城的可持续发展。广泛开展活动，如与遗产教育基金会合作，与国际遗产相关组织的联系并提供文化遗产保护和修复的培训，通过槟城消费者协会对不同产品消耗能源情况加以说明，以引导消费者的选择；与学校以及教育部门合作对中小学老师进行可持续发展教育的培训等。

这种由内而外的方式使马来西亚理科大学成为槟城以至马来西亚可持续发展教育

的一股不可忽视的重要力量，并推动了包括中小学课程改革、教师培训的进展，影响很大。

(二)绿色大学建设的启示

日本、韩国和马来西亚都积极进行绿色大学的建设实践，取得了丰硕的成果。尤其是韩国建立了绿色校园计划协会，在第一批大学的带动之下，在韩国形成了绿色校园的潮流，并通过相互的沟通和帮助以及政府的支持，在绿色大学建设方面进展很快。还有韩国和日本的大学都比较重视 ISO 14000 环境质量体系认证，这在很大程度上可以推动绿色大学的发展。马来西亚理科大学与当地社区的紧密合作，不仅推动社区的可持续发展，也促进大学的研究进展和成果转化，使大学的影响不断扩大。

总的来说，部分国家对绿色大学建设重视程度比较高，进展较快，也在很大程度上促进了学校的"绿色"发展，推动了可持续发展战略实施，但是具体而言，虽然还存在着许多问题，但给我们提供了启示和借鉴。

(1)日本和韩国的大多数学校都将减少二氧化碳排放作为一项重要指标，只是在某些具体的操作上有些许的差异。这说明大家对绿色大学建设有共识，然而这种状况也反映了一种趋势，就是从绿色大学概念出现到现在，虽然已经取得了一定的成果，但是形式相对比较单一。绿色大学在实际建设中应该更多关注的是如何利用和优化现有的资源和条件，体现各校的特色，充分发挥各校的优势。

(2)虽然有些大学设立了专门的委员会负责，但更多的大学还是某个学院或专业的老师以项目形式来进行，缺乏一套完整的绿色大学管理体系，没有相应的管理部门或是管理责任不明确。这对持续高效地开展绿色大学的建设十分不利。

(3)多数大学都重视校园的绿色化，尤其是对可以看见的绿色建设，如校园绿化硬件改造投入很大的人力物力，但软件建设相较不足，特别是课程建设和整合方面，提倡得多但实际落实得不够。环境和可持续发展类的课程多数以零散的选修课、讲座的形式出现，没有成为课程体系的必要组成部分。

(4)许多绿色大学重视活动和宣传，但如何培养学生的生态文明观，让他们养成自觉尊重、保护环境的行为，还需进步探索。

绿色大学的建设是全方位的系统工程。未来的绿色大学是人与自然和谐共处的系统。在这个系统中，社会、经济、环境效应达到高度统一，它不仅仅是环境保护，更重要的是让培养出来的高级专业人才带着生态文明理念走向社会，为人类社会实现可持续发展目标贡献力量；在这个系统中，遵循生态文明思想开发和研制的各种工艺技术直接给自然环境、社会经济带来双重效益。这是一个大社会系统中的"绿色"子系统，它所获取的成功经验可以向其他单元推广，如"绿色"的家庭，"绿色"的社区、"绿色"的企业乃至"绿色"的城市等。当然，绿色大学建设不是一朝一夕之事，但在人与自然和谐发展理念的指导下，作为人们精神牧场的大学应肩负更多的责任，也将取得更辉煌的成果。

▶第二节　大学精神与绿色文化

一、绿色化的大学文化与大学精神

多数学者认为，作为广义的文化，应包括 4 个层次：一是物质层次；二是制度层次，法律也包括在其中；三是思想道德层次；四是价值体系层次。根植于文化最深层次的价值体系，是决定文化倾向的核心。按照文化范畴的定义，从广义上看，大学文化包括大学精神、大学环境、大学制度等方方面面的整个大学教育，是比大学精神更大的一个范畴，而大学精神是大学文化的核心和精神支柱。从狭义上看，大学文化即为大学精神和大学理念。在这里，我们是从广文的角度来探讨绿色文化的。

(一)大学精神的内涵

大学精神是一个古老的论题，古今中外的教育家、教育实践者们孜孜以求的是在大学中培育大学精神，因此关于大学精神的定义也纷繁多样。有人认为大学精神是社会历史发展积淀的产物，是经过长期发展所形成的特有的大学气质，这种气质与大学的发展历史、所处地域、学科设置等因素息息相关，并对青年学生产生巨大影响。还有人认为大学精神是人类普通精神里的一个特殊范畴，人们并不能找到鉴别是大学精神或是人类社会普通精神的标准和边界，只是以大学为着眼点，在大学的发展过程中形成的反映民族精神、时代精神的理想和信念。也有人认为大学精神的形成是特定社会的历史文化传承在大学实践中的体现，大学精神的核心是大学的一种办学理念和价值取向，并体现在大学人的价值观、大学整体的理想和目标、大学核心理念和大学组织信念 4 个方面。

大学精神有着丰富的内涵，主要包含 5 个方面的内容。

1. 创新精神

大学从产生之日起，就是探索、发现、传播新知识的场所。创新、创造是大学精神最为重要的一个内容，也是大学在社会有机体中保证自身地位的根本生命力。大学的创新精神，一是指向科学研究，它通过鼓励开拓科学这个无止境的疆界，取得大量开拓性的成果，培养大批的科学家、发明家。二是指向社会发展，大学以新思想、新制度改造社会，推动社会的进步。三是指向人才培养，它把培养具有开拓创新精神的人才作为自己最根本的任务。四是指向大学自身，一代代学人不断根据社会经济发展和大学的理念来改造大学、发展大学，使大学成为时代精神的体现者。

2. 自由精神

自由精神是大学精神灵魂之所在，也是其他大学精神产生和发展之根基。自由精神主要表现在以下几个方面：一是思想自由，使大学成为各种观念自由发展的场所；二是学术自由，使大学成为自由探索高深学问的场所，主要包括教学自由、研究自由和学习自由；三是言论自由，使大学成为自由表达思想、观念的场所。大学应支持、鼓励公开的、自由的交流，这种自由不仅仅局限于校内，而且可扩展校外。

3. 科学精神

科学精神指的是追求真理、真理至上，推动科技进步的精神。大学是培养人才和研究学问的机构，要完成好这两样任务，既要有求真又要有务实的精神。坚持科学精神就要努力弘扬探索精神、实证精神、原理精神、独立精神、创新精神和牺牲精神；在学习研究上，要执著、刻苦，追求卓越与成功，要把每一天的事情做好；坚决反对弄虚作假，反对急功近利。另外，大学中的专家教授在科学研究中所形成的价值准则和行为规范通过教育、感染而内化为一代代学人的精神气质，形成科学良心和科学道德。

4. 人文精神

人文知识是人类认识、改造自身和社会的经验总结。人文精神则是人文知识化育而成的内在于主体的精神成果，它蕴含于人的内心世界，见之于人的行为动作及其结果。人文精神的载体在人自身，其获得必须经过人文知识的内化、整合而变成主体的意识、思想、情感等生命体验和善行。如果一个民族，没有优秀传统和人文精神，不打自垮。大学是人文精神的代表，追求人文精神既是学校教育的任务，也是大学生自我修养的任务。

5. 社会关怀精神

高等教育是社会发展的必然产物，社会发展的需要是大学的主要推动力。在工业化、信息化的社会里，大学已经被越来越深入地卷进社会机器的运转之中。关注现实、服务社会成为大学的重要职能之一，大学通过科学研究直接转化为社会第一生产力——科学技术。通过人才培养，为社会提供生产力中最活跃的因素——高质量的人力资源。社会关怀精神还表现在大学对社会精神文明的参与和建设。除了在生产力方面对社会的贡献外，大学通过直接的人文社会科学的研究和宣传为社会提供精神产品包括哲学研究、文学创作与批判、思想道德建设等。知识分子在提炼和批判社会生活的同时，又把各种精神产品投资到社会，为社会主义建设提供直接的内容。因此，面对人类生态文明发展、建设的需要，大学负有"天然"的使命与责任。

分析大学精神的内涵，我们不难发现，大学精神的内核决定了绿色大学产生的必然，大学精神也必将促使绿色大学建设蓬勃开展，取得丰硕成果。

(二)绿色大学的绿色文化

每所大学都有其独特的文化。在人类走向生态文明的背景下，对于大学而言，必然应该在大学文化和大学精神方面体现绿色化——建设绿色大学，逐渐形成绿色大学文化和绿色大学精神。

绿色大学精神可以理解为绿色大学倡导的理念，即以引领绿色文明为宗旨，传承绿色文化为己任培养当代生态环境建设需要的合格人才。绿色大学应该坚持绿色文化。那么，什么是绿色文化？从绿色文化的发展历程来看，我们说绿色文化是人与自然协调发展的文化。但随着人口、资源、环境问题的尖锐化，为了使环境的变化朝着有利于人类文明进步的方向发展，人类必须调整自己的文化来修复由于旧文化的不适应而造成的环境退化，创造新的文化来与环境协同发展、和谐共进，因此，我们可以从以

下几个角度认识绿色文化。

1. 狭义和广义的绿色文化

从狭义的角度讲，绿色文化是人类适应环境而创造的一切以绿色植物为标志的文化，包括采集狩猎文化、农业、林业、城市绿化，以及所有的植物学科等。这是绿色文化的物质层面。随着生态学和环境科学研究的深入、环境意识的普及，绿色文化有了更为广义和深层次的内涵，绿色文化即人类与自然环境协同发展、和谐共进，并能使人类可持续发展的文化，包括了可持续农业、生态工程、绿色企业，也包括了有绿色象征意义的生态意识、生态哲学、环境美学、生态艺术、生态旅游，以及生态伦理学、生态教育等诸多方面。这个定义充分反映了文化的制度、价值的层面。

2. 从人类文明发展的进程认识绿色文化

事实上，无论狭义的绿色文化还是广义的绿色文化都是人类在适应自然生态环境中形成的。人类最早就是从自然中诞生的，古朴的生态意识伴随着人类而出现。人类创造的农业文化使地球上出现了一个个辉煌灿烂的古文明，但由于古代人没能认识到环境与文化之间的关系，使得古巴比伦文明、地中海的米诺斯文明、腓尼基文明、玛雅文明、撒哈拉文明等一些古文明相继消失。然而，在源远流长的人类历史长河中，传统的农业文化阶段已孕育了新的绿色文化曙光，包括西欧的轮作制、中国传统农业中积累的精工细作和养地技术，以及生态农业的萌芽，都成为绿色文化的新内容和现代持续农业的基础。

19世纪的工业革命在给人类带来丰富的物质产品的同时，也给人类带来了资源危机、环境危机，迫使人类必须创造新的绿色文化。于是有了1972年以后世界性的生态运动，也就有较原有狭义的绿色文化更先进的以绿色为主导的环境科学同生态科学意义上的人类为了生存和发展与地球环境结为伙伴关系的绿色文化，由此看来，狭义的绿色文化和广义的绿色文化之间的关系处不断地向前螺旋式地上升的。在中国，绿色文化作为中华文化的重要组成部分，已经成为当今社会的潮流文化和大众文化。

3. 从实践的角度认识绿色文化

从实践的角度来讲，绿色文化理念包括绿色的生生产方式、绿色的生活与消费方式以及节约与节制的观念。绿色生产方式指的是把依靠资源的高投入、高消耗、高污染的粗放型生产经营方式改变为依靠科技进步走一条资源消耗低、环境污染少、经济效益高、可循环利用的集约化、智力型的新型工业化道路，特别是大力发展现代高端服务业。绿色的生活方式和消费方式，指的是在日常生活与消费中，注意节约与环保的理念，杜绝奢侈与浪费，使用绿色产品，采取与环境生态友善的生活方式与消费方式，特别要减少对化石能源的消耗与使用。从根本上说节约是减少资源损耗与污染的最好方法。

4. 从具体的形态和形式来看绿色文化

绿色文化还体现在具体的标准、制度等方面，各项节约节能规章制度、环境保护法律法规等的制定都体现了绿色文化。同时，在社会中倡导的生态道德规范、生态价值观也体现着绿色文化。此外，绿色文化有形产品也越来越多，其本质是反映生态环境可持续发展理念，包括电影、文学、艺术作品等。最后，绿色文化还可以通过绿色宣传、绿色文化活动等形式来体现。

二、绿色文化在绿色大学建设中的作用

文化的基本功能是教育人、引导人、培养人、塑造人，就是要形成理想信念、民族精神、道德风尚和行为规范。今天，文化已经成为影响各国综合国力竞争的关键因素，是决定国家、民族、政党生存发展的重要战略资源和宝贵财富。绿色文化在绿色大学建设中的地位和作用十分重要。当前，国内大学在人才培养工作中，绿色文化教育活动开展得还不够广泛也不够深入，许多大学生绿色文化意识淡薄，缺少绿色思维和绿色生活能力。因此，弘扬绿色文化，就要积极推进大学绿色文化教育，把绿色文化作为大学生文化素质教育的重要组成部分，充分发挥文化育人的重要作用，不断提高大学生绿色文学艺术修养，树立生态道德观念，引导大学生不断用生态文明观认识和解决现实问题，有助于培养绿色大学建设和生态文明建设的骨干力量。

(一)倡导绿色文化有助于大学建设绿色校园

将校园绿色教育转化为受教育者的自觉行动，这是一个长期潜移默化的过程。它既需要明确的教育引导，也需要在一个良好的氛围中熏染形成，环境可以造就人、培养人、改造人。具体来说，绿色文化对校园建设的作用主要体现在以下两个方面。一方面有助于构建和谐的物质环境，创设优良的物质绿色文化。打造绿色校园，需要在每个环节、每个细节都体现绿色文化理念，弘扬绿色文化精髓，不仅追求校园的自然美，更注重绿色文明积淀成绿色人格。另一方面有助于构建底蕴丰厚的人文环境，创建优秀的精神文化。绿色校园虽是物质形态，却能反映出一所学校的精神文化，即人文精神。因此，大学倡导绿色文化不仅可以强化绿色的物质形态，更可以帮助广大师生树立促进人与自然、人与人和谐的理念，形成良好的生态道德氛围，树立具有可持续发展特征的人生观、价值规、世界观。总之，在绿色文化引领下建设的高层次、高格调、高品位的绿色校园，既能对师生起到陶冶情操和完善人格的作用，又能润物细无声地内化师生的自身修养与涵养，并外化为他们的言语和行为，同时也以其高品位的设施使学校物化为外在的形态与形象。

(二)倡导绿色文化有助于大学创造绿色科技

弘扬绿色文化，有助于推进大学创造绿色科技促进学生创新科学技术是文化的重要组成部分。绿色科技创新需要绿色科学的生态思想道德引领，21世纪绿色大学校园的学术生态既是一种社会生态，也是一种教育生态，更应是一种绿色生态。大学的绿色科技创新是以知识分子为主体，为达到学术创新的目的，进行复杂的学问探究和科学实验的活动。因此，我们应大力弘扬绿色文化，把大学校园建设成为富于自由精神的学术殿堂，为创新人才的脱颖而出、为学术大师的涌现提供足够的发展空间。而绿色科技创新者的大学师生，更应自觉培育绿色文化的思想，在科技创新中以绿色为目标，不断推进我国绿色科技的发展。

绿色文化强调可持续发展，有利于引导科技创新朝着绿色环保的正确方向发展。

衡量一种文化是否先进，关键看它是否体现生产力的发展要求，是否反映广大人民的根本利益。今天，环境就是资源，环境就是财富，环境就是生产力。绿色文化中包含的可持续发展理论和发展绿色技术的内涵，为人类文明的进步提供了许多新思想、新观念，它预示着人类将进入生态文明新时代。可以说，绿色文化是先进文化的一个重要组成部分，与先进生产力的发展相适应。没有绿色文化的繁荣，就没有绿色科技的发展，就更谈不上先进生产力的发展。

（三）倡导绿色文化有助于大学扩大国际交流

环境问题不是一个国家、一个民族的问题，而是全球性的问题，解决环境问题需要加强国家间的交流与合作。随着全世界对环境问题认识的不断深入，以绿色文化为主题的国际交流合作越来越频繁，越来越深入，这也为我国高等教育提供了发展的空间。一方面，大学作为国际交流合作的重要载体和弘扬绿色文化的主阵地，越来越注重开展绿色大学的国际交流与合作，我们应以国际化的视野、全球化的思维加强国际交流，以国际的标准不断调整改革和发展的策略，推动高等教育的改革和发展；另一方面，绿色文化成为扩大大学国际交流广度和深度的平台，使当前的大学更具开放性、更具国际视野，更加国际化。因此，我国高校应积极创建绿色文化交流的平台，深入挖掘和积极推广中国传统文化中的生态文明思想，向世界展现中国治理环境的决心和能力，在交流中学习，也让世界更加了解和支持中国的生态文明建设。当代的大学校园更具多元化意识，学会认识和理解多元文化背景下的高等教育，积极利用巨大的国际教育市场和资源，实现资源共享和文化交流，特别是绿色文化的交融，是我们建设国际性绿色大学的一个有效途径。

（四）倡导绿色文化有助于大学更好地服务社会

知识经济时代，大学应承担更多的社会责任，为经济发展和社会发展服务，发挥更大价值。伴随着网络与信息技术的发展，大学校园已打破原来的封闭状态，走出围墙。主动与社会相联系，把自身融入社会整体系统之中是大学发展的必然趋势。正如纳伊曼所说，高等教育机构既是社会经济的轴心又是文化发展的轴心，也应成为周围社会的源泉，因此应该完全向社会开放。大学校园不仅要达到内部的学术生态平衡，还应促使外部生态环境的优化，提高大学校园的社会辐射力度。倡导绿色文化，不仅是在校园里，更需要大学向社会传播绿色文化，发挥自身优势，为建设生态文明做出贡献。

当今，我国正处于构建社会主义和谐社会的关键时期，处处需要绿色人才，事事需要绿色科技作为支撑，时时需要绿色文化去引领。弘扬绿色文化，建设和谐校园，有利于高校培养绿色英才、创造绿色科技引领绿色文明，有利于高校更好地找到服务社会的切入点，增强服务社会的能力，提高服务社会的水平。

▶ 第三节　中国大学生态文明教育实践探究

在落实科学发展观、大力推进生态文明建设的背景下，高等教育正在适应时代发展的新要求努力建设绿色大学。绿色大学建设的关键，是要积极开展生态文明教育教学改革。大学的生态文明教育，是指在科学发展观的指导下，为培养具有明确的生态文明观念、扎实的生态文明理论知识、强烈的生态文明建设责任感和高超的生态文明建设实践技能的新型高级人才而实施的教育。

一、当代大学生生态文明教育的目标和主要内容

党的十八大指出，面对资源约束趋紧、环境污染严重、生态系统退化的严峻形势，必须树立尊重自然、顺应自然、保护自然的生态文明理念，把生态文明建设放在突出地位，融入经济建设、政治建设、文化建设、社会建设各方面和全过程。这将是一场深刻的社会变革，是人们世界观、价值观、道德观的变革，也是人们行为方式的变革。但是，目前人们的生态环境意识仍然不强，生态伦理观缺失、生态文明行为能力普遍较弱，已经成为制约生态文明建设、社会持续发展的主要因素，这就要求我们必须通过加强生态文明教育来解决，充分发挥教育的基础和先导作用，为生态文明建设提供智力支持和精神动力。

(一)大学生生态文明教育的目标

大学开展生态文明教育的目标，是使学生不仅掌握扎实的生态文明基本理论，培养深厚的生态情感，树立牢固的生态价值观，而且使学生明确生态文明建设的重要性和紧迫性，具有积极主动参与生态文明建设的意识和实践行为能力，全面提高当代大学生的生态文明建设知识和能力素养。

让学生明确在追求人与自然和谐共生的关系中，人类负有不可推卸的责任和义务，这是绿色大学中的生态文明教育的基本要求。大学的生态文明教育目标的实现，必须注意一个重点：要把关心地球上一切生命的存在和人类的可持续发展教育，纳入大学办学目标并作为其重要组成部分。大学教育工作者必须清醒地认识到：大学培养的人才不能仅仅是认识自然、改造自然，更是能够修复自然生态平衡系统、促进人与自然和谐共生的人才。

(二)大学生生态文明教育的内容

根据我国国情和生态文明建设的实际状况，在大学阶段，生态文明教育的内容应当主要包含 4 个层次。

1. 国内外生态环境现状

深入了解当代世界与中国生态环境恶化的过程与现状，把握人类的发展趋势，认识到资源环境问题的严峻现实，是激发大学生的生态环境危机感、生态安全责任感的前提。心理学认为，只有对现状问题有深刻认识，才有对问题危机感的敏锐反应，才能树立解决问题的责任感。人们一旦产生危机感和责任感，就会主动去关注这一问题，激发起解决问题的主动性、积极性和创造性。所以，在大学生中进行生态环境现状教育是生态环境教育的基本和首要内容。

2. 生态科学基本规律教育

进行生态科学基本规律教育，使大学生自觉地按照自然和社会的客观规律办事，

找到自然与人类社会和谐发展的内在规律，这对于他们今后研究如何解决生态危机问题，积极有效地投身于生态文明建设具有重要作用。

3. 生态文明建设的基本理论教育

生态文明建设的理论知识包括：生态文明行为建设、生态文明制度建设、生态文明产业建设、生态文明城市建设等内容。大学生要理性地认识我国生态文明建设在制度规范、道德教育、文化转向、科技创新、生活方式与生产方式的转变等发展状况与要求。大学生要系统全面地掌握我国生态文明建设的理论与实践探索成果，这是生态文明教育的核心内容。大学应当像普及英语和计算机教育一样，在大学中普及生态科学基本规律和生态文明建设的基本理论教育。

4. 生态文明的哲学观、价值观、伦理观教育

生态文明的哲学观、价值观、伦理观教育是使学生具备生态智慧、形成生态文明观的重要层面。它是人类与自然共同生存和发展、人类生态系统良性运行、尊重自然界客观规律的新的科学思想武器。它对于大学生生态文明观形成尤为重要。通过生态文明哲学观教育，大学生运用辩证唯物主义和历史唯物主义的方法，认识人与自然的关系。大学生要深刻认识人类只有一个地球，地球生态系统的承受能力是有限的。人与自然不仅具有斗争性，同时具有同一性，必须树立人与自然和谐相处的观念。生态文明价值观教育，是对人们对自然界较直观的评价以及人类在自然界中的价值和位置的科学评价。改变以往"人类中心主义"观念，确立生态文明观，是指导生态文明道德规范和行为的思想理论基础。生态文明伦理观教育，能够使人们确立科学、公正、平等的伦理原则，尊重自然规律，在人与人、人与社会的关系上可以公正、平等地分配资源利益；在代际关系上坚持对后代的生存和发展负责任的社会公正原则。

特别要指出的是，我们在大学生的生态文明教育中，应当引导学生了解并深入思考我国传统文化中的生态文明底蕴，在传承中勇于创新发展，这是中华民族生生不息的力量源泉。

二、当前我国高校加强生态文明教育的主要任务

生态文明教育是促进可持续发展最有效的路径。对开展生态文明教育重要性的认识是随着我们对生态环境问题的认识不断深化逐步形成的。我国关于生态文明的研究与教育工作时间较短，教育内容、教育方法、教育效果等都有待于不断完善和提高。依据现阶段的实际情况，我们开展大学生态文明教育的主要任务如下。

1. 使学生掌握生态文明理论知识，树立生态文明价值观，提高生态道德水平

要引导大学生认清人与自然的关系，把人与自然视为一个统一发展的有机整体。明确人类必须尊重生态环境的存在价值，爱护环境、节约资源是当代人的基本道德规范。大学生既是生态文明教育的主要对象，也是重要的推动者，大学生有责任带动全社会树立生态文明观念。因此，大学生必须掌握扎实的生态文明理论知识。

2. 使学生认同绿色消费方式

要引导大学生学习绿色消费、适度消费、公平消费知识并积极行动起来，摒弃过

度的自然资源消耗以满足无节制的物质消费观念、抵制过度消费和奢侈消费。同时，努力带动和影响家庭、社会更多人参与行动，支持环境友好产品和服务，促进环保产业、清洁生产、循环经济的发展。

3. 带动大学生积极投入到建设生态文明的实践中去

引导大学生在生态文明观的指导下自觉并带动社会成员开展生态环境保护的绿色行动，发挥大学生的辐射作用。积极支持各种环境保护纲要和法规，还要督促社会公众自觉遵守生态文明的法则，加入到宣传、监督节约资源和保护生态的行列。要教育大学生立足于人与自然的和谐，努力学习符合建设生态文明需要的专业技能，引导发挥大学生建设生态文明的参与热情和参与能力，勇于开拓创新，运用科学技术找到解决环境污染、高效利用资源和能源、减少废弃物排放的方法和途径。

4. 不断培育绿色校园文化氛围，积极建设绿色大学

大学要不断丰富教育形式和教育方法充分发掘第二课堂和课程体系的教育潜力，努力营造尊重自然、爱护生态、保护环境、节约资源的绿色校园文化氛围，潜移默化地引导青年学生树立生态文明观。同时，通过建设绿色大学，发挥领头作用，在大学与社会大众间形成良性互动，不断扩大影响，逐步使建设生态文明成为全社会的积极行动。

三、大学生生态文明教育的制约因素分析

(一)历史文化因素：人际伦理相对成熟与实践理性相对幼稚的传统影响很大

我国传统文化的影响根深蒂固，从社会作用上说，既有积极性也有消极性。这里我们从消极影响看，除了传统文化中的不利部分外，还有一些原本积极的伦理道德思想也会产生消极的社会作用。

(1)在我国传统文化中，相对于道德观而言，自然观并不是完全独立的，它受道德观的审视和判定。"天人合一"更确切地表现为一种道德认知的特殊方式或思维图式，即力图从人的生活的整体性和联系性上来展开伦理思维，在这种认识框架中，人与人之间的道德认识被突出和强化，而人对自然或其他事物的认识不但不能等量齐观，还受到排挤，所以中国传统的自然观不可避免地陷入一种被道德观遮蔽或利用的尴尬局面。

(2)重视人伦关系、强调仁爱的人本主义精神是我国传统思想的一个显著倾向。自孔子开始，伦理思想关注的焦点不再是虚无缥缈的天、神或鬼，而是把自己关注的目标定位在人的自身。中国伦理思想家大都认为人是天地之精华，五行之秀气，在宇宙中有一般事物不可比拟的优越性。古代伦理中，如此肯定人在天地之间的重要地位，可以说已经偏向于人类中心论。这一影响使得我国公众表现出过分重视人的利益、局部范围的人的眼前利益，忽视对自然、对他人和后代负有的生态道德义务。

(3)我国古代的朴素的生态意识与封建伦理糅合在一起，受到唯心主义思想的侵染。尤其从汉代起，儒家思想取得了统治地位以后，"天人合一"的生态环境意识常常是脱离现实的物质生产，成为神秘的道德修养观念，由于这种欠缺存在，环境意识必

然模糊。

(4)现代人对古代思想的曲解产生的负面影响也不可忽视。例如，人定胜天的思想最早是荀子提出的"制天命而用之"，原本的含义是承认自然界的存在不以人的主观意志为转移，同时强调人可以通过主观努力，掌握和利用天道去改善人的生活。可是，在相当长的时间内，我们把"人定胜天"思想片面理解为"人一定能够战胜自然"，结果是对待自然的态度发生严重偏差。社会主义建设过程中，人们对古代朴素的生态环境思想没有进行深入的挖掘，还曾经把它们当成封建糟粕或小农思想加以摒弃，十分不利于当代大学生的生态文明观培养。

(二)社会公众现状：认知不足与"知""行"背离现象普遍存在

我国社会目前的生态环境认识状况的主要表现有：一方面，生态环境问题受到越来越多的人的关注；另一方面，大部分公众的生态环境意识还比较浅薄。同时关于环境问题的研究不断结出硕果，但在社会心理和行为层次上还存在大片空白。说得多做得少，生态忧患意识不足，环境索取要求强烈，行动参与意识和奉献意识薄弱，仍然是最突出的表现。

一方面，从20世纪末开始，我国公众在环境意识的"知"上水平逐步提高，公众对环境保护的意义、环境污染的危害性有了比较充分的认识，也掌握了初步的环保科学知识。但大多只关注已经造成严重危害并且显而易见的环境问题，认识不到潜在的危害，缺乏深层次的生态文明观念。另一方面，我国公众在环境意识"行"上的水平较低。虽然许多人确立了较为明确的环境价值观念，但是在行为上却表现出环境保护意识薄弱，对自己的作用以及所应承担的责任认识不清。公众的行为仍然受某些惯性的引导，主要表现在知和行之间存在很大的差距。

以我国公众的绿色消费状况为例，一是公众对绿色消费的认识有所提高，但总体水平仍然较低。长期以来，我国公众内在的绿色消费意识不强，对非绿色消费的危害认知不足。购买绿色产品的消费者，绝大多数只是考虑自身健康原因，停留在"自我保护型"的初级水平，而不是出于社会责任和支持环保。二是传统的不良消费习惯积习难改。传统的消费行为主要关注消费效用的满足，忽视或者无视消费所带来的社会成本和生态成本。尽管绝大多数消费者都知道一次性塑料袋会导致白色污染，但由于成本低廉、使用方便，消费时人们仍然不假思索地选择它。公众普遍追求消费支出最小化，它主要表现为节省货币支出量、节省支出的精力和体力的消耗。在缺乏约束的条件下，消费者很难放弃原有消费行为下的"好处"：省时、省力、省钱。如废弃物不能有效回收，是因为人们不愿意费时、费力去完成看似"不值得"做的小事。在这些眼前经济利益的驱动下绿色消费行为就显得动力不足。

(三)社会基础教育：没有充分重视生态科学知识、生态伦理道德与生态感情的培养

公众的生态科学知识、生态伦理道德与生态感情，是生态文明建设的理性基础和认识基础，理应引起相当的重视。可是目前大学生在这三方面，一般比较缺乏，我们在实践中也没有给予足够的重视和系统的培养。

生态感情是人对于生存空间中的山川湖海、各种动物、植物乃至整个地球"母亲"，源自内心的尊重、热爱、赞美的情感体验。生态感情萌生的主要源头有两个方面：一是由于自然物能够满足人的审美需要，人们在审美过程中，对自然的敬重和爱惜之情会油然而生；二是因为自然界是满足人的生存需要和提高生活质量需要的原始基础，深刻认识到此的人就会对自然产生一种类似于对母亲的认同、依恋、感恩和爱护之情。以上两方面相比，前者比较普遍，后者比较深刻和稳定。原因在于人对自然的爱美之心常有，但是在审美需要和生存需要不可兼得时，人们容易放弃、牺牲审美需要。

现阶段，我国公众普遍特别重视自身物质生活的丰富程度，轻视甚至忽视精神生活和自然环境两大要素。因而我们必须特别重视从生存需要的角度去培养大学生的生态情感。作为发展中国家，由于生态情感、生态知识和生态道德的缺乏，我国普遍存在着以生存和脱贫名义恣意破坏自然的种种行为，这些以牺牲他人和子孙生存代价来换取自己富裕的自利者毫无愧疚之情，不知尊重生命。如果人们始终不能认知自然的养育之恩，就不会停止过去的"自杀"行为，就不能转变为关爱自然。针对这一问题，我们需要把对大学生的生态感情的培养和生态伦理道德教育与生态科学知识的普及紧密地结合起来。

（四）高等教育：对大学生的生态文明教育整体较弱

20世纪90年代以后，随着世界各国对环境和发展问题的关注，以反思工业文明、寻求可持续发展为目标的环境教育开始引起普遍重视，我国的环境教育也普遍展开。2007年，党的十七大明确提出建设生态文明的重要思想，要求在全社会牢固树立生态文明观念。由此，生态文明教育的研究和改革逐步深入。时至今日，整体上看我国大学生的生态文明教育依然存在着严重缺失。

1. 缺乏自觉性

在高等教育快速发展的今天，大部分高校对于培养学生的生态文明观与国家发展目标的重要关系，仍然没有充分重视，导致高等教育没有为生态文明建设迅速发挥应有的促进作用。许多院校把精力更多地放在对学生的专业能力培养上，却忽视了学生生态文明观念的培养。同时，教师群体本身的生态文明观念也存在不足，对生态文明的认识不够深入、全面、甚至是模糊的。

2. 缺乏针对性

目前已经开展的学生生态文明观教育只是一种泛泛的浅层次教育。大学生对生态文明的学习了解，主要还是来自部分思想政治理论课和个别选修课的讲授。由于教学内容和教学时数的限制，教师无法进行全面深入地讲解，专业课教师群体缺乏有针对性地利用相关专业发展的趋势，深入地培养学生的生态文明观念和行为能力。

3. 缺乏系统性

在部分教师已经认识到生态文明教育的重要意义的大学，对生态文明观的培养依然随意性较强。一方面缺乏对大学生态文明教育内容、对策等领域的系统研究；另一方面缺乏科学的整体培养规划，从而严重影响了生态文明教育实效。总之，尽管经过多年的努力，我国环境教育工作的进步是明显的，但目前大学生生态文明教育的总体水平与我国生态文明建设的要求尚有较大差距。尤其是大学生普遍缺乏建设生态文明

的使命感和热情，缺乏较强的行动力，这种现象令人担忧。

四、大学生生态文明教育的基本途径

在建设生态文明的时代要求下，大学要发挥自身的组织优势和工作优势，自觉承担起生态文明教育的责任，努力提高大学生的生态文明素质。考虑到各地区、各种层次类别大学的不同现实情况，大学生态文明教育应从以下几条途径展开，有所侧重、协调配合以达到最佳效果。

(一)建设一支具有生态文明观的专兼职教师队伍

要培养出具有生态文明观念与能力的大学生，首先要建设一支具备生态文明观的专兼职教师队伍。提高教师的生态文明观是培养具备生态文明观的高质量人才的关键。其一，20世纪90年代以后，以人类可持续发展为目标的教育才在各国普遍受到高度重视，因而目前在校教师绝大多数是在缺乏生态文明新观念的传统教育模式下培养出来的专门人才。为此，要具备生态文明思想和相应的教育理念和能力，高校教师首先要不断提高自身素质，加强生态文明思想理论的学习。其二，大学教师不仅传授知识、培养人才，同时也积极从事着科学研究和技术创新工作，是国家生态文明建设的主力军之一。因而大学教师要面向生产和生活实际，在实践中完善自己的知识结构，提高自己的学术水平，才能保证更好地完成自己应承担的科研工作和培养学生生态文明观的重任。此外应当注意到，大学教师队伍中存在着专业素质发展与人文素质发展的不平衡状况，教师只有努力提高自己的人文素养和对生态伦理价值观的认同，才能在自己的教学中注意渗透生态文明观念的教育内容，体现对生态文明观的关注，给学生以深刻的影响。大学教师队伍中所有参与学生教育和管理的学校非专职教师都应该树立生态文明观，在日常的工作中对大学生进行潜移默化的生态文明观教育。

大学教师应当成为真正有生态文明观念的精英，积极主动地给学生以潜移默化的影响，把生态文明观的培养融入各专业教学环节中，渗透到教学科研和社会服务等各个方面。重点是在传授知识的过程中，使学生不但树立起牢固的生态文明观，认清自己的责任和使命，并且转化成行动，促进人与自然和谐发展最终实现。

(二)以在专业课和公共课教学中培养生态文明观为主，同时开设相关选修课

生态文明思想已经成为现代文明的重要组成部分，追求可持续发展已经对人类自然和社会科学的各个领域产生重大影响。高校各个专业领域的所有专业基础课教学中，都要结合生态文明思想与本科程的共性领域，在课程内容中渗透生态文明观教育。其实，大学设置的所有课程都包含与生态文明有关的内容，比如，绿色能源的开发与利用、生态保护、人与自然的关系、人与社会的关系、经济与社会的协调发展等。可以鼓励各专业教师在完成本专业教学内容及任务的基础上，积极关注并讲述本专业科学技术可能产生的各种社会问题，同时结合生态文明方面的有关理论，讲述它们与社会持续发展之间的相互关系，以及为解决这些社会问题所应采取的方法或对策。各学科教师都负有生态文明观教育的责任，所有涉及自然科学与社会科学的课程都应该有针对性地加强生态文明观的教育。

学校要把培养大学生的可持续发展意识列入培养目标之中，纳入教学计划，可以先开设公共选修课或专业选修课，对学生进行系统培养，以此拓宽知识视野，提高综合科技素质，把他们培养成为新世纪合格的高级科技人才。比如，对工科专业的学生，开设"生态文明概论""环境伦理学""生态经济""绿色生活与未来"等公共选修课或专业选修课。学校要充分发挥思想政治理论课教学的公共课优势，普及并强化宏观政策层面的生态文明思想教育。学校尤其要在思想政治理论课，如"思想道德修养养与法律基础""毛泽东思想和中国特色社会主义理论体系概论""形势与政策"等课程中，进行各有侧重、互相配合、较为系统的生态文明观教育。

高校现阶段要以在专业课教学中渗透为主，同时开设相关选修课的课程组织模式。以这种方式开展生态文明观教育具有较为明显的优势，如充分利用现有的教育资源，不增加学生学业负担，也不需要投入专门的师资。在此基础上，逐步探索构建一个具有中国特色的生态文明教育体系，包括课程、教材、教师、教学方法等，并在教学实践中不断完善提升。

(三)有计划地安排生态文明建设社会实践，举办丰富多彩的系列专题活动

提高学生的生态意识，弘扬生态文明，加强实践是一个非常重要的环节。从某种意义上看，实践比书本知识更能启迪人的心灵，更能培养大学生对自然生态的情感，树立和增强生态文明的信念。因此，高校在开展生态文明教育过程中要坚持实践育人，引导学生养成"绿色"行为习惯，从小事做起、从身边做起，积极参与环保公益活动，在保护环境、节约资源的实践活动中提升生态文明素质。

一方面要结合专业特点，将专业实习与生态文明建设实践结合起来开展；另一方面，组织大学生利用假期开展社会实践活动，通过社会调查、参与生产，有意识地走访一些生态文明建设开展得较好或较差的典型地区，使学生在亲身实践中感受到保护生态环境的重要性，了解我国生态文明建设面临的严峻现实压力与挑战，体会生态文明的重大意义。大学生通过参与环境建设实践，增强生态忧患意识、参与意识和责任意识，树立生态道德观、价值观明晰"人与自然""人与社会"的和谐关系的重要性。要注意对社会实践的宣传和动员，加强社会实践活动的针对性和实效性，使大学生在实践中比较我国与发达国家在生态文明建设各个领域的差距，从而明确自身的责任，形成与未来发展相适应的生态文明素质。

此外，配合相关课程，充分发挥专题报告所具有的跨专业、跨学科、理论与实践紧密结合和参与人数多的特点，定期或不定期聘请生态文明建设各个领域的学者、专家、企业家等到学校开设相关的专题报告，以生态经济、绿色政党、零碳建筑等为专题，介绍国内外发展前沿、在理论探索或实际研究运用科技过程中遇到的各种问题、技术危害以及所采取的对策等。学校也可定期或不定期地请国内外有关科技政策、战略、管理的制定者和实施者，介绍建设生态文明制定实施的方针、政策和战略，使学生了解掌握人类社会可持续发展的实践措施，为他们在未来的工作生活中，成长为生态文明建设者、实现者奠定坚实的基础。

(四)构建和谐的校园文化生态环境

大学校园是当代大学生学习、生活的基本场所,也是生态文明教育的重要基地。从生态系统观的角度来看,一个学校就是一个生态子系统,在学校中建立起相互尊重的人伦关系、热爱自然的良好传统、陶冶人文精神的校园景观,形成良好的氛围,对大学生来说,这本身就是很好的品德教育。因此,对大学生开展生态文明教育,学校要积极开展校园生态文明建设,构建绿色大学;要充分发掘第二课堂的教育潜力,努力营造尊重自然、爱护生态、节约资源、循环再利用的校园文化氛围,强化"地球家园"的意识,使之学会关心自然、社会和他人,培养他们的责任感和义务感,潜移默化地引导青年学生树立生态文明观。同时,学校要在第二课堂建设中注入生态文明理念,以形式多样、内容丰富、生动活泼的校园文化活动宣传普及生态文明知识,发挥校园文化对生态文明"心系天下"的思想情怀,提高广大学生对环境、资源和生态问题的关注力度和行为能力。

>>> **思考题**

1. 绿色大学的教育理念是什么?
2. 绿色大学的建设内涵是什么?
3. 举例说明当今国内外绿色大学有何不足之处。

参考文献

[1]余谋昌，王耀先．环境伦理学［M］．北京：高等教育出版社，2004．

[2]林红梅．生态伦理学概论［M］．北京：中央编译出版社，2008．

[3]杨通进．环境伦理学基础［M］．重庆：重庆出版社，2007．

[4]李萍．伦理学基础［M］．北京：首都经贸大学出版社，2004．

[5]刘湘溶．人与自然的道德话语［M］．长沙：湖南师范大学出版社，2004．

[6]曹孟勤．人性与自然：生态伦理哲学基础反思［M］．南京：南京师范大学出版社，2004．

[7]章海荣．生态伦理与生态美学［M］．上海：复旦大学出版社，2005．

[8]任俊华，刘晓华．环境伦理的文化阐释［M］．长沙：湖南师范大学出版社，2004．

[9]中国科学院可持续发展战略研究组．2006 中国可持续发展战略报告［M］．北京：科学出版社，2006．

[10]吕文林．建设节约型社会干部读本［M］．北京：中共中央党校出版社，2006．

[11]曾建平．自然之思——西方生态伦理思想探究［J］．道德与文明，2002(4)．

[12]杨国平．论中国古代生态伦理思想［J］．和田师范专科学校学报，2009(6)．

[13]左小航，刘海涛，张秋菊，郭照江．浅析中国传统生态伦理思想的现代意义［J］．中国医学伦理学，2006(5)．

[14]吴亚平．道法自然"生态伦理思想初探［J］．现代地理科学与贵州社会经济，2009．

[15]姬立玲．浅谈孔子的生态哲学思想［J］．学理论，2010(6)．

[16]张娓娓．中国传统文化中的生态伦理思想．河北青年管理干部学院学报，2009(2)．

[17]杨世宏．儒家生态伦理思想反思［J］．山东理工大学学报(社会科学版)，2009(2)．

[18]沈富萌．中国古代的生态智慧与环保思想［J］．才智，2009(25)．

[19]吴黎宏．论儒家生态伦理观及其启示［J］．党史文苑，2009(14)．

[20]陈真波．天人合一与生态道德观［J］．贵阳学院学报(社会科学版)，2008(4)．

[21]周一平，马鹏举．中国古代环境伦理思想初探．西安建筑科技大学学报(社会科学版)，2007(2)．

[22]何小春．中国古代"天人合一"观的生态伦理意蕴管窥［J］．辽宁工程技术大学

学报(社会科学版)，2007(6).

　　[23]任俊华. 建设生态文明的重要思想资源——论中国古代生态伦理文明[J]. 伦理学研究，2008(2).

　　[24]陈文."天人合一"思想与当代生态文明建设[J]. 前沿，2008(11).